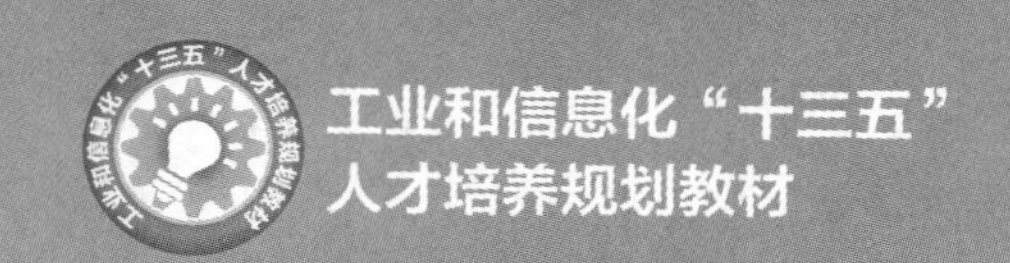

C# 程序设计教程

C# Programming

陈娜 付沛 ◎ 主编
罗炜 谢日星 鄢军霞 ◎ 副主编
王路群 ◎ 主审

人 民 邮 电 出 版 社
北 京

图书在版编目（CIP）数据

C#程序设计教程 / 陈娜，付沛主编. -- 北京 : 人民邮电出版社，2019.1（2021.7重印）
工业和信息化“十三五”人才培养规划教材
ISBN 978-7-115-39847-5

Ⅰ. ①C… Ⅱ. ①陈… ②付… Ⅲ. ①C语言－程序设计－高等学校－教材 Ⅳ. ①TP312.8

中国版本图书馆CIP数据核字(2018)第279973号

内 容 提 要

Visual C#融 C++的灵活性和强大功能与 Java 的简单性于一身，已成为在.NET 平台上进行程序开发的首选语言。

本书介绍了使用 Visual C# 2017 开发应用程序的基本知识。全书分为9章，分别介绍了 C#与 Visual Studio 集成开发环境，C#的基本语法，流程控制语句，数组、集合和泛型，面向对象，面向对象的高级应用，程序的生成、异常处理和调试，流与文件，基于 Windows 的应用程序。

全书通过简洁的语言和详细的步骤，帮助读者迅速掌握使用 Visual C# 2017 开发应用程序所需的基本知识。

本书适合没有任何编程经验的读者和 Visual C#新手阅读，也可供大中专院校的学生学习 Visual C#编程时参考。通过本书，读者可循序渐进地掌握 C#编程技术，从而开发出优秀的应用程序。

◆ 主　　编　陈　娜　付　沛
　副 主 编　罗　炜　谢日星　鄢军霞
　主　　审　王路群
　责任编辑　祝智敏
　责任印制　马振武

◆ 人民邮电出版社出版发行　　北京市丰台区成寿寺路 11 号
　邮编　100164　　电子邮件　315@ptpress.com.cn
　网址　http://www.ptpress.com.cn
　北京市艺辉印刷有限公司印刷

◆ 开本：787×1092　1/16
　印张：15.75　　　　2019 年 1 月第 1 版
　字数：371 千字　　　2021 年 7 月北京第 6 次印刷

定价：46.80 元

读者服务热线：(010) 81055256　印装质量热线：(010) 81055316
反盗版热线：(010) 81055315
广告经营许可证：京东市监广登字 20170147 号

前言 FOREWORD

Visual C#作为微软的旗舰编程语言，经过十几年的发展，在全球得以迅速普及，成为众多程序开发人员的首选语言。Visual C# 2017 新增了大量可圈可点的特性，本书围绕 C#基础知识和这些新特性全面介绍如何利用 Visual Studio 2017 进行 C#编程。

本书作为全国示范性软件职业学院计算机及其相关专业指定教材，针对全国示范性软件职业学院特点，淡化理论，够用为度，强化技能，重实际操作，在完成必要的理论阐述之后，以实际的代码案例来解释理论知识，适合作为计算机基础教材或自学用书。

本书是作者在多年的教学实践、科学研究以及项目实践的基础上，参阅大量国内外相关教材，几经修改而成。本书的主要特点如下。

1. 语言严谨、精练。

对 C#的基本概念和技术进行了清楚准确的解释并结合实例说明，读者可以轻松地掌握每一个知识点。

2. 合理、有效的组织。

按照由浅入深的顺序，循序渐进地系统介绍了 C#程序设计的相关知识和技能。各个章节的内容编写以实践应用为目标，理论阐述主要围绕实际应用技术组织和展开，使练习的重要性得以体现，练习不再只是附属于相关理论知识。

3. 本书配有全部的程序源文件和教学 PPT。

为方便读者使用，书中全部实例的源代码及 PPT 均免费提供给读者。

本书以 Visual Studio 2017 为基础循序渐进地介绍了 C#入门所需的各方面知识，包括开发环境的配置、C#语法、Windows 应用程序开发、文件处理等。同时还介绍了大量 Visual Studio 2017 的开发经验，对使用中的重点、难点进行了专门的讲解。

本书由陈娜、付沛担任主编，罗炜、谢日星、鄢军霞担任副主编，董宁、陈丹、张松慧、赵丙秀、张新华参加编写，王路群统审全稿。

由于时间仓促，加之编者水平有限，书中不妥之处在所难免，殷切希望广大读者批评指正，以便尽快更正，编者将不胜感激。作者 E-mail：231292594@163.com。

编　者

2018 年 9 月

目录 CONTENTS

1 Chapter

第 1 章

C#与Visual Studio集成开发环境

本章学习目标

本章主要内容包括.NET 基础知识，Visual Studio 集成开发环境的使用，创建一个控制台应用程序，创建一个 Windows 应用程序和控制台应用程序结构简介。通过本章，读者应该掌握以下内容：

1. Visual Studio 集成开发环境的使用
2. 创建控制台应用程序
3. 创建简单的 Windows 应用程序
4. 控制台应用程序的结构

1.1 .NET 简介

.NET 是 Microsoft 的 XML Web 服务平台。Microsoft .NET 平台包含广泛的产品系列，都是基于 XML 和 Internet 行业标准构建的，不论操作系统或编程语言有何差别，XML Web 服务都能使应用程序在 Internet 上传输和共享数据。

.NET Framework 是构成 Microsoft .NET 平台核心部分的一组技术，为开发 Web 应用程序和 XML Web Service 提供了基本的构建模块，也为创建和运行.NET 应用程序提供了必要的编译和运行基础。

.NET Framework 是 Windows Server System 构建、部署与运行 Web 服务与应用程序的编程模型，其托管了大部分底层结构，让开发人员只需专注于撰写应用程序的业务逻辑代码。

.NET Framework 是支持生成和运行下一代 Web 应用程序和 XML Web Services 的内部 Windows 组件，旨在实现下列目标。

- 提供一个一致的面向对象的编程环境，无论对象代码是在本地存储和执行，还是在本地执行但在 Internet 上分布，或者是在远程执行。
- 提供一个将软件部署和版本控制冲突最小化的代码执行环境。
- 提供一个可提高代码（包括由未知的或不完全受信任的第三方创建的代码）执行安全性的代码执行环境。
- 提供一个可消除脚本环境或解释环境的性能问题的代码执行环境。
- 使开发人员的经验在面对类型大不相同的应用程序（如基于 Windows 的应用程序和基于 Web 的应用程序）时保持一致。
- 按照工业标准生成所有通信，以确保基于.NET Framework 的代码可与任何其他代码集成。

.NET Framework 有两个主要组件：公共语言运行库和.NET Framework 类库。公共语言运行库是.NET Framework 的基础，可以看作是一个在执行时管理代码的代理，它提供内存管理、线程管理和远程处理等核心服务，并且强制实施严格的类型安全以及可提高安全性和可靠性的其他形式的代码准确性保障。事实上，代码管理是运行库的基本原则。以运行库为目标的代码称为托管代码，而不以运行库为目标的代码称为非托管代码。.NET Framework 类库是一个综合性的面向对象的可重用类型集合，可以使用它开发多种应用程序，包括传统的命令行或图形用户界面（GUI）应用程序，也包括基于 ASP.NET 的应用程序（如 Web 窗体和 XML Web Services）。

1. 公共语言运行库

通用语言框架（Common Language Infrastructure，CLI）是一种为虚拟机环境而制订的规范，使得由各种高级语言所编制的程序可以在不同的系统环境中执行，而不必更改或重新编译源代码。

.NET 的基础公共语言运行库（Common Language Runtime，CLR）就是 CLI 的一个实例，只不过是 CLI 规范在个人计算机和 Windows 操作系统中的一个执行而已。毫无疑问，在其他操作系统环境和硬件平台上，CLI 也同样可行。CLI 和 CLR 有时会交换使用，但很明显它们不是一回事。CLI 是一种标准规范，而 CLR 是微软对 CLI 的实现。

公共语言运行库也叫公共语言运行时，是.NET Framework的基础。公共语言运行库简化了应用程序的开发，提供了一个强大的、安全的执行环境，支持多语言，并简化了应用程序的部署和管理。公共语言运行库也称为“托管环境”，在这个托管环境中自动提供诸如垃圾回收和安全性等通用服务。

例如，用C#编写的源代码被编译为一种符合CLI规范的中间语言（IL）。IL代码与资源（例如位图和字符串）一起作为一种称为程序集的可执行文件存储在磁盘上，通常具有扩展名.exe或.dll。程序集包含的清单提供有关程序集的类型、版本、区域性和安全要求等信息。

执行C#程序时，程序集将加载到CLR中，并根据清单中的信息执行不同的操作。如果符合安全要求，CLR就会执行实时（JIT）编译以将IL代码转换为本地机器指令。CLR还提供与自动垃圾回收、异常处理和资源管理有关的其他服务。由CLR执行的代码有时也称为“托管代码”，它与编译为面向特定系统的本地机器语言的“非托管代码”相对应。图1-1展示了C#源文件、.NET Framework类库、托管程序集和CLR的编译时与运行时的关系。

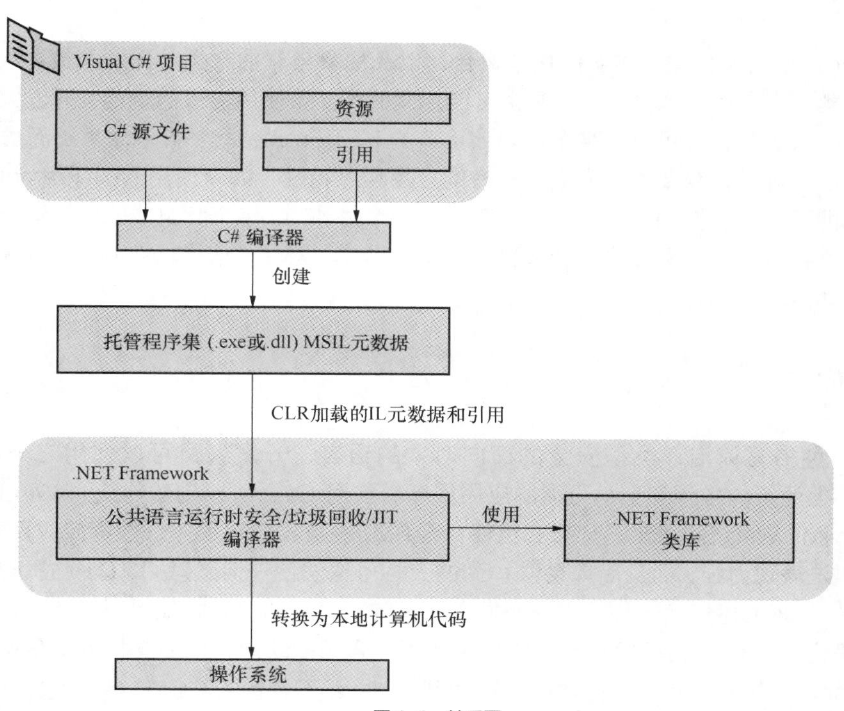

图1-1 关系图

语言互操作性是.NET Framework的一项主要功能。由C#编译器生成的IL代码符合通用类型系统（Common Type System，CTS）规范，因此由C#生成的IL代码可以与Visual Basic、Visual C++、Visual J#的.NET版本或者其他20多种符合CTS规范的语言生成的代码进行交互。单一程序集可能包含用不同.NET 语言编写的多个模块，并且类型之间可以相互引用，就像它们是用同一种语言编写的一样。

公共语言运行库还提高了开发人员的工作效率。例如，开发人员可以用他们选择的开发语言编写应用程序，仍能充分利用其他开发人员用其他语言编写的运行库、类库和组件。任何选择以公共语言运行库为目标的编译器供应商都可以这样做。以.NET Framework为目标的语言编译器使得用该语言编写的现有代码可以使用.NET Framework 的功能，这大大减轻了迁移现有应用程序的工作负担。

公共语言运行库负责运行时服务，如语言集成、强制安全，以及内存、进程和线程管理。除此之外，它还在开发时期承担如生命周期管理、强类型命名、跨语言异常处理以及动态绑定之类的角色，以减少开发人员将事务逻辑转换成可重用组件必须编写的代码数量。

公共语言运行库为开发人员构建不同类型的应用程序提供了可靠的基础，让设计含有跨语言对象的组件与应用程序变得更加容易。不同语言编写的对象可以互相通信，它们的行为可以被紧密集成。

2. .NET Framework 类库

在早期的开发中，各种应用的开发人员使用各自平台提供的工具类库，开发适用于不同平台的应用，开发人员要掌握多种类库的使用方法，因而造成大量的资源浪费，也降低了开发人员的工作效率。

.NET Framework 提供了丰富的接口集合，以及抽象与非抽象类。开发人员可以原封不动地使用非抽象类，或者在许多情况下，派生出自定义的类。要使用接口的功能，开发人员既可以创建一个实现接口的类，也可以从某个实现该接口的.NET Framework 类中派生出新类。

曾经难以实现或是需要第三方组件支持的应用程序特性，如今使用.NET Framework 后，通过少量代码即可实现。.NET Framework 还包含一个由 4000 多个类组成的内容详尽的库，这些类被组织为命名空间，为文件输入和输出、字符串操作、XML 分析和 Windows 窗体控件提供了各种有用的功能。

1.2 C#

C#是一种书写简洁、类型安全的面向对象的语言，开发人员可以使用它来构建在.NET Framework 上运行的各种安全、可靠的应用程序。使用 C#，可以创建传统的 Windows 客户端应用程序、XML Web Service、分布式组件、客户端/服务器应用程序、数据库应用程序等。

C#的语法表现力强，而且简单易学。C#的大括号语法使任何熟悉 C、C++或 Java 的人都可以立即上手。了解上述任何一种语言的开发人员通常在很短的时间内就可以开始使用 C# 高效地工作。C#简化了 C++的诸多复杂性，并提供了很多强大的功能，例如支持 null 值类型、枚举、委托、lambda 表达式和直接内存访问，这些都是 Java 不具备的。C#支持泛型方法和类型，从而提供了更出色的类型安全和性能。C#还提供了迭代器，允许集合类的实施者定义自定义的迭代行为，以便被客户端代码使用。

作为一种面向对象的语言，C#支持封装、继承和多态。所有的变量和方法，包括 Main 方法（应用程序的入口点），都封装在类定义中。类只能直接从一个父类继承，但可以实现任意数量的接口。重写父类中的虚方法要求使用 override 关键字来避免意外重定义。在 C#中，结构类似于一个轻量类，是一种使用堆栈的类型，可以实现接口，但不支持继承。

C#的生成过程比 C 和 C++简单，比 Java 灵活。C#没有单独的头文件，也不要求按照特定顺序声明方法和类型。C#源文件可以定义任意数量的类、结构、接口和事件。

1.3 Visual Studio 集成开发环境

Visual Studio 2017 是微软于 2017 年 3 月 8 日正式推出的新版本，也是迄今为止最具生产力的 Visual Studio 版本。其内建工具整合了.NET Core、Azure 应用程序、微服务(microservice)、Docker 容器等。

1. 起始页

单击“开始”→“所有程序”→“Visual Studio 2017”，启动 VS2017（Visual Studio 2017 的缩写），在默认情况下会显示图 1-2 所示的起始页。

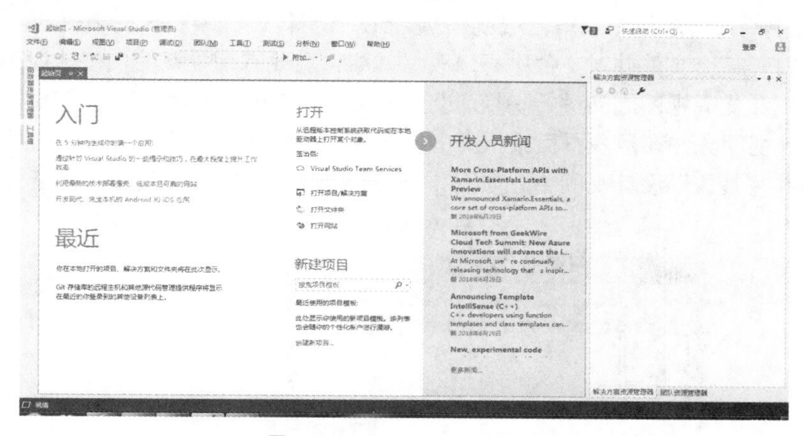

图 1-2　Visual Studio 2017 起始页

2. 开发环境

当打开或者新建一个 Windows 窗体应用程序后，Visual Studio 2017 的一个典型开发环境如图 1-3 所示。由于 Visual Studio 2017 的开发环境布局可以定制，所以你看到的界面有可能会与图 1-3 不同。

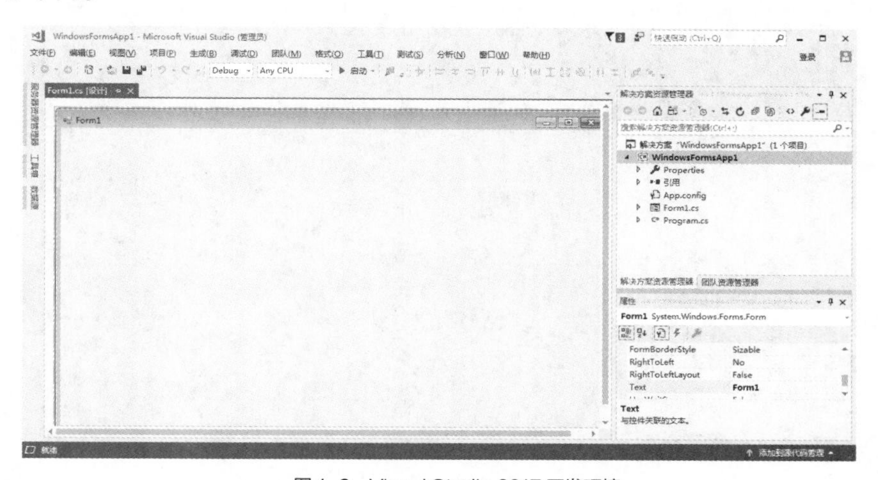

图 1-3　Visual Studio 2017 开发环境

Visual C#集成开发环境（IDE）是通过常用用户界面公开的开发工具的集合。有些工具是与其他 Visual Studio 语言共享的，还有一些工具（如 C#编译器）是 Visual C#特有的。

以下是 Visual C#中最重要的工具和窗口。大多数工具和窗口可通过“视图”菜单打开，这里仅介绍初学者需要掌握的 5 个窗口。

- 代码编辑器：用于编写源代码。
- 工具箱：用于使用鼠标快速开发用户界面。
- 解决方案资源管理器：用于查看和管理项目文件和设置。
- 属性窗口：用于配置用户界面中控件的属性和事件。
- 任务列表：常用来显示错误列表。

（1）Windows 窗体设计器/代码编辑器

图 1-4 正中间部分的用户编辑区域就是 Windows 窗体设计器和代码编辑器。在用户编辑区域，用户可以打开某个文件并对文件进行修改。其中，主要有两种视图：设计视图和代码视图，可以在设计视图和代码视图之间进行切换。设计视图用来实现程序的外观，代码视图用来实现程序的功能。设计视图允许在用户界面或网页上指定控件和其他项的位置，可以从“工具箱”中轻松拖动控件，并将其置于设计视图中。如图 1-5 所示是 Visual Studio 2017 的窗体设计视图。

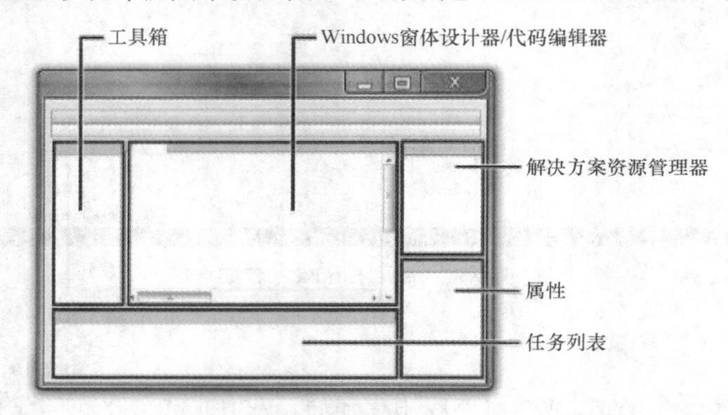

图 1-4 Visual C# 集成开发环境（IDE)示意图

图 1-5 Visual Studio 2017 窗体设计视图

在窗体设计视图里，以可视化的方式显示组件（如Windows窗体、Web页面、用户控件和数据集等）。Visual Studio 2017最重要的特点就是所见即所得（What You See Is What You Get），看到的界面就是程序运行的最终效果。开发人员可以修改窗体的布局和设置，用户可以通过单击选中一个窗体或者控件，也可以通过鼠标的拖放来改变控件或窗体的位置和大小。

在设计视图下单击菜单“视图”→“代码”，可以切换到代码视图，如图1-6所示，用于显示文件或文档的源代码。代码视图支持编码帮助功能，如IntelliSense（智能感知）、可折叠代码节、重构和代码段插入等，还有一些其他功能，如自动换行、书签和显示行号等。在代码视图中，用户可以编写代码，实现想要完成的功能。单击菜单“视图”→“设计器”，可以切换到设计视图。如果开发人员打开了多个文件，这些文件将以标签的方式显示在用户编辑区域的顶部，标签名即为文件名。如果标签名后面带一个“*”号，如图1-7所示，则表明这个文件已经进行了修改但尚未保存。单击工具栏上的按钮，即可保存全部修改，“*”号消失。

```
Form1.cs  ⊕ ×  Form1.cs [设计]
WindowsFormsApp1                          WindowsFormsApp1.Form1
 1  using System;
 2  using System.Collections.Generic;
 3  using System.ComponentModel;
 4  using System.Data;
 5  using System.Drawing;
 6  using System.Linq;
 7  using System.Text;
 8  using System.Threading.Tasks;
 9  using System.Windows.Forms;
10
11  namespace WindowsFormsApp1
12  {
13      public partial class Form1 : Form
14      {
15          public Form1()
16          {
17              InitializeComponent();
18          }
19      }
20  }
21
```

图1-6　Visual Studio 2017代码视图

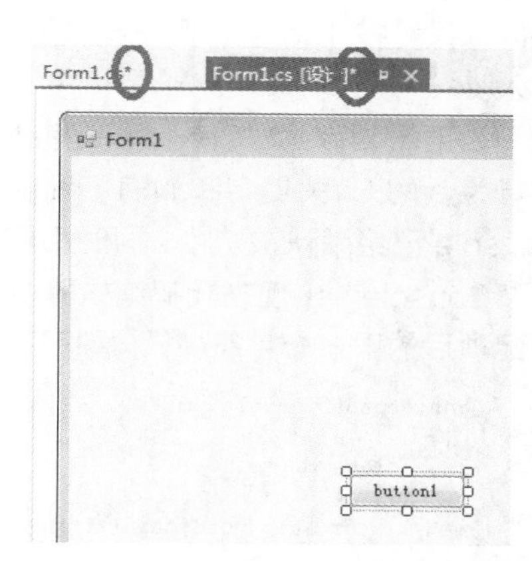

图1-7　带“*”号的文件名（设计视图和代码视图都带）

注意

左边的“工具箱”和右下方的“属性”窗口仅在设计视图中才可用。切换到代码视图后，“工具箱”和“属性”窗口均不可用，如图1-8所示。

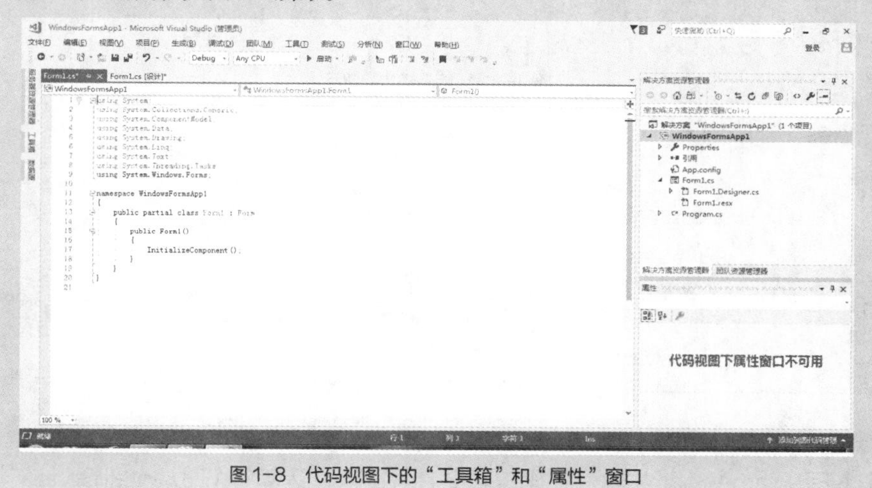

图1-8　代码视图下的“工具箱”和“属性”窗口

Visual C#代码编辑器是编写源代码的字处理程序。就像 Microsoft Word 对句子、段落和语法提供广泛支持一样，C#代码编辑器也为 C#语法和.NET Framework 提供广泛支持。这些支持主要包括以下三个主要的类别。

① IntelliSense

在代码编辑器中键入.NET Framework 类和方法时，会不断地对其基本文档进行更新，同时具有自动代码生成功能。

IntelliSense 是一组相关功能的总称，旨在减少查找帮助所需的时间，有助于开发人员更加准确高效地输入代码。IntelliSense 提供了在代码编辑器中键入的关键字、.NET Framework 类型和方法签名的基本信息，这些信息会显示在工具提示、列表框和智能标记中。

- 完成列表

在代码编辑器中输入源代码时，IntelliSense 将显示一个包含所有 C#关键字和.NET Framework 类的列表框。如果在列表框中找到了相匹配的项，将选择此项。如果选定项就是需要的，只需按 Tab 键、回车键或匹配项后的下一个字符，IntelliSense 便会完成名称或关键字的输入。

如果想要输入“Console.WriteLine(C#的输出)”，首先键入“c”，小写即可，此时会列出首字母为 c 的 C#关键字和.NET Framework 类，依次输入“onso”，此时想要输入的第一个关键字 Console 已经默认被选中，同时相应的解释也出现了，如图 1-9 所示。此时按下回车键就可以看见“Console”出现在代码编辑器中，大小写也自动进行调整，不过效率更高的方式是直接输入匹配项后的下一个字符“.”，如图 1-10 所示。

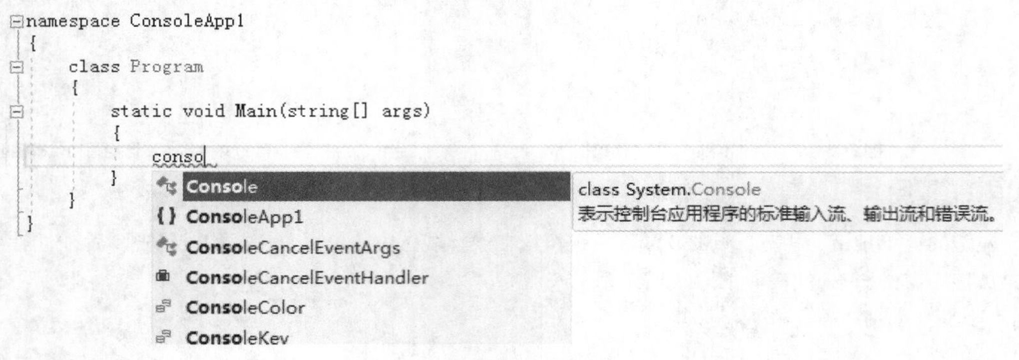

图 1-9 智能感知功能演示

```
namespace ConsoleApp1
{
    class Program
    {
        static void Main(string[] args)
        {
            Console.
        }
    }
}
BackgroundColor
Beep
BufferHeight
ConsoleColor Console.BackgroundColor { get; set; }
获取或设置控制台的背景色。
```

图 1-10 按下“.”键后的效果

- 列出成员

将一个.NET Framework 类输入代码编辑器，再键入点运算符（.），IntelliSense 将显示包含该类成员的列表框。如果键入的内容有一个以上可能的匹配或根本没有匹配（例如输入“w”），将显示成员列表框。使用“↑”键或者“↓”键可以选择列表中的某个成员，当选中 WriteLine 后，在按回车键插入之前，将获得有关该项的快速信息和该项的所有代码注释。列表项左边的图标表示成员的类型，如命名空间、类、函数或变量。可以按 Tab 键或回车键将该成员插入到代码中，当然最好的办法是输入匹配项后的下一个字符，例如“(”。

- 参数信息

在代码编辑器中输入方法名称，再键入左括号后，会出现参数信息提示工具，其中显示了参数的顺序和类型，如图 1-11 所示。如果已重载此方法，可以在所有已重载的方法中上下滚动进行查找。

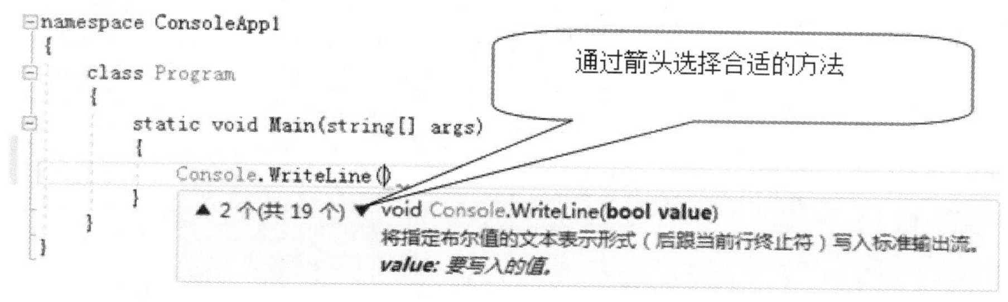

图 1-11　参数信息提示工具

- 快速信息

将鼠标指针悬停在一个.NET Framework 类上时，IntelliSense 将显示包含该类基本文档的快速信息工具提示。将鼠标指针分别放在单词“Console”和“WriteLine”上，会出现图 1-12 所示的提示信息，这些信息对程序开发人员很有帮助。

```
namespace ConsoleApp1
{
    class Program
    {
        static void Main(string[] args)
        {
            Console.WriteLine();
        }
    }
}
```

class System.Console
表示控制台应用程序的标准输入流、输出流和错误流。 无法继承此类。

```
namespace ConsoleApp1
{
    class Program
    {
        static void Main(string[] args)
        {
            Console.WriteLine();
        }
    }
}
```

void Console.WriteLine() (+ 18 多个重
将当前行终止符写入标准输出流。

异常:
System.IO.IOException

图 1-12　出现快速提示信息

② 可读性帮助

可读性帮助包括显示大纲、设置代码格式和着色。

代码编辑器会自动将命名空间、类和方法视为可折叠区域，以便于查找和读取源代码文件的其他部分。在代码视图的最左侧有一条竖线，线上对应每个方法开始处有“+”“–”号，单击“+”号可以展开这个方法的代码，单击“–”号可以折叠这个方法的代码。在方法代码被折叠后，方法名后面将显示一个带边框的省略号，把鼠标指针放到这个省略号上，会弹出一个窗口，显示隐藏的代码，如图 1–13 所示。

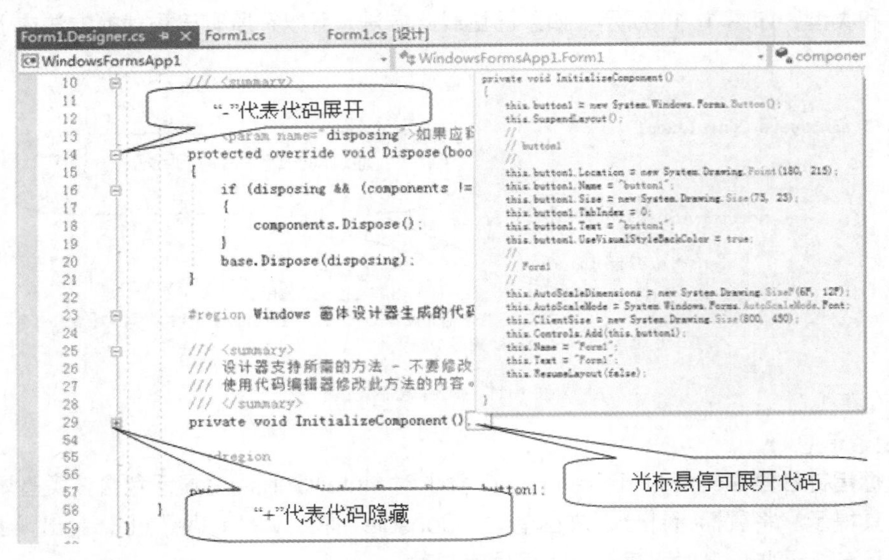

图 1–13　代码视图的代码折叠

按下“;”或“}”键，或者将代码粘贴到 C#代码编辑器中，Visual Studio 2017 的代码编辑器会自动设置这些代码的格式，调整代码位置，使代码格式符合规范。

Visual Studio 2017 的代码编辑器会以不同的颜色显示代码中的不同内容，默认情况下以蓝色显示 C#的关键字，以棕色显示字符串，以蓝绿色显示类名，以绿色显示注释。如果要修改这些默认的颜色，如把关键字改为红色，并且把字体放大一点，可以单击菜单“工具”→“选项”，展开左侧的“环境”，选中“字体和颜色”，在“显示项”列表框选中“关键字”，在“项前景”选中“红色”，单击“确定”按钮，如图 1–14 所示。打开代码编辑器看看是不是变成想要的效果了，如图 1–15 所示。如果有过多次更改，想一次性回到代码编辑器的初始状态，在图 1–14 中单击“使用默认值”按钮即可。

③ 波浪下划线

波浪下划线是在键入内容时，用于显示对拼写错误的单词、语义错误、错误的语法以及警告情况的通知。波浪下划线可以即时反馈键入代码时发生的错误。红色波浪下划线标识语法错误（例如缺少分号或括号不匹配）或语义错误（例如尝试将 string 文本赋给 int 类型的变量），而蓝色波浪下划线标识编译器错误。将鼠标指针放到波浪下划线上，会提示相应的错误信息，“错误列表”窗口也会显示相应的错误信息，如图 1–16 所示，这些信息对代码编写很有帮助。

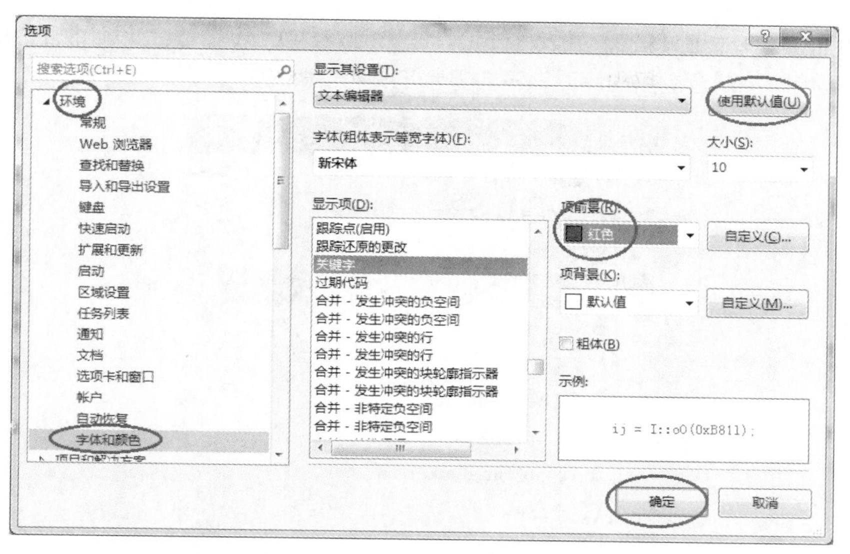

图 1-14　“选项”对话框

```
Form1.Designer.cs  ⊕ ×  Form1.cs        Form1.cs [设计]
C# WindowsFormsApp1                       WindowsFormsApp1.Form1
1  namespace WindowsFormsApp1
2  {
3      partial class Form1
4      {
5          /// <summary>
6          /// 必需的设计器变量。
7          /// </summary>
8          private System.ComponentModel.IContainer components = null;
```

图 1-15　改变后的效果

```
7   namespace ConsoleApp1
8   {
9       class Program
10      {
11          static void Main(string[] args)
12          {
13              string s = 1;
14          }
15      }
```

100 %

错误列表

整个解决方案　错误 1　警告 0　消息 0

代码	说明
CS0029	无法将类型“int”隐式转换为“string”

图 1-16　相应的帮助信息

（2）工具箱

窗体设计区域的左侧为工具箱，工具箱中放置了各种控件，用于绘制程序界面。如图 1-17 所示，工具箱中显示可以被添加到 Visual Studio 2017 项目中的控件图标。如果看不到工具箱，单击菜单“视图”→“工具箱”，可以打开工具箱。另外再次强调，只有设计视图状态下的工具箱才可用，当编辑控制台应用程序时，不会显示工具箱。

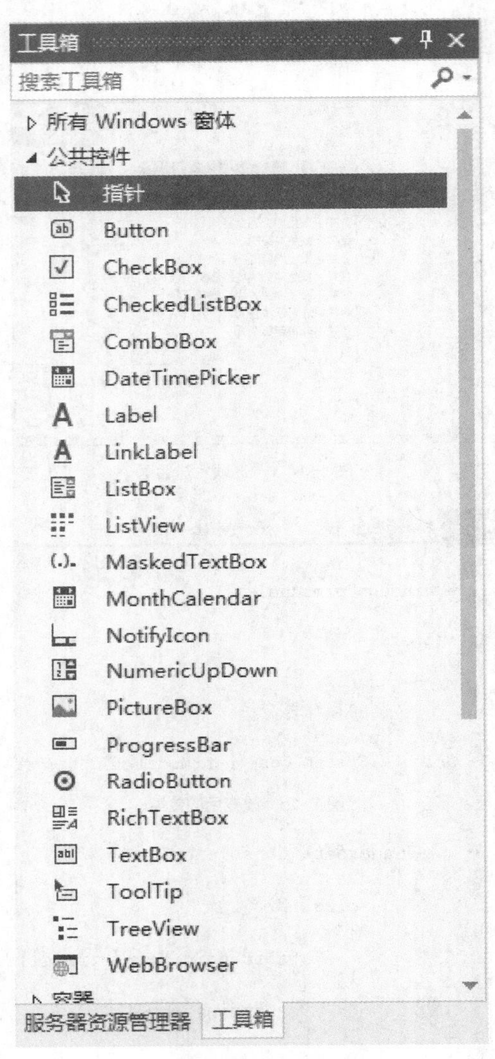

图 1-17　工具箱

工具箱由多个选项卡组成，每个选项卡中包含一组控件，可以展开或者折叠选项卡，可以添加、删除、重命名选项卡，也可以添加、删除、重命名选项卡中的控件，方法是将鼠标指针放到工具箱上，单击鼠标右键，然后在弹出的快捷菜单中选择相应的命令。

开发人员可以将工具箱的图标拖动到设计视图上，也可以双击图标将其放到设计视图上，每项操作都会添加基础代码，这个过程由 Visual Studio 2017 自行完成。在设计视图中自定义一个控件（比如带图片和文字的按钮）后，可以将已配置的控件拖回工具箱并将其作为一个模板以便今后重用。

工具箱显示可以添加到项目中的控件图标，每次返回编辑器或设计器时，工具箱都会自动滚动到最近选择过的选项卡和控件。当把焦点转移到其他编辑器、设计器或另一个项目时，工具箱当前选择的内容也会相应改变。

（3）解决方案资源管理器

一个大型程序的开发过程会用到很多资源，包括源代码、图片、文件数据库等，也可能包括很多功能模块，如数据库处理模块、图形用户界面（Graphic User Interface，GUI）模块、业务逻辑处理模块等。如果没有一种有效的组织方式来管理这些项目资源，就不能高效地开发出大型应用程序，在后期甚至会出现各种各样的问题，导致程序崩溃。这就用到了解决方案资源管理器，如果看不到解决方案资源管理器，单击菜单“视图”→“解决方案资源管理器”，可以将其打开，如图1-18所示。

Visual Studio 2017是以解决方案和项目来组织资源的。解决方案就是要创建的应用程序，应用程序下的各个模块对应一个个的项目。解决方案和项目还可以包含一些项，表示创建应用程序所需的引用、数据连接、文件夹和文件。一个解决方案可包含多个项目，而一个项目可包含多个项。项目和项目以及项目和解决方案之间的连接可以通过解决方案管理器和命名空间来管理。

通过解决方案资源管理器，可以打开文件进行编辑，向项目中添加新文件，以及查看解决方案、项目和项属性。

（4）“属性”窗口

Visual Studio 2017的每一个对象都有自己的特征集，用来唯一地标识自己，这个特征集称为属性。图1-19就是Visual Studio 2017的“属性”窗口，位于窗体设计区域的右下角。如果看不到“属性”窗口，单击菜单“视图”→“属性窗口”，可以将其打开。

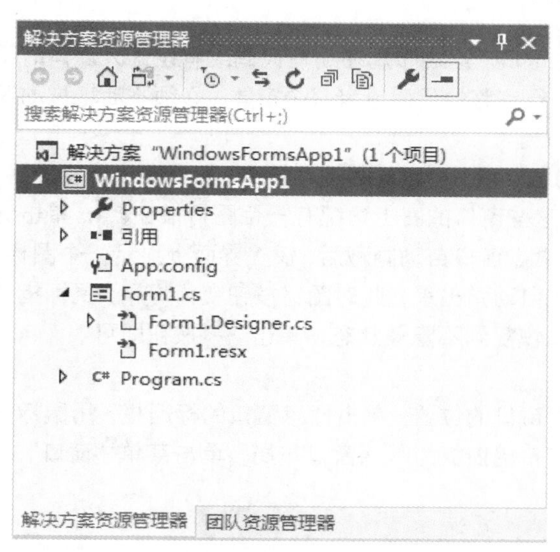

图1-18 解决方案资源管理器

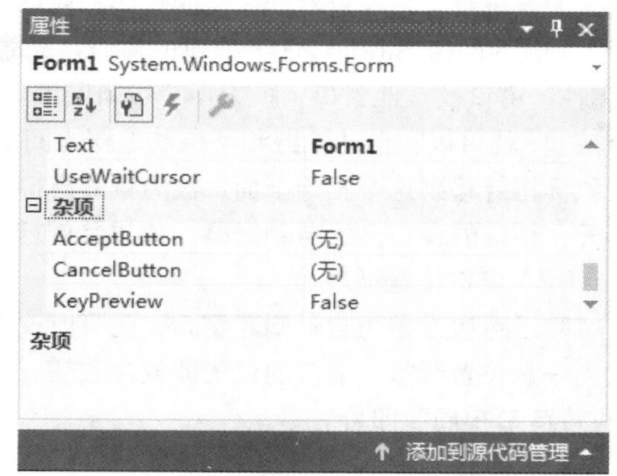

图1-19 “属性”窗口

“属性”窗口列出了当前选中内容的各种属性，可以对这些属性值进行修改。当在解决方案管理器或者窗体设计视图中选择一个文件或者控件时，“属性”窗口会自动随之发生变化，以显示当前选中内容的属性。“属性”窗口的最上部是一个下拉列表框，显示当前选中的是什么内容，也可以从下拉列表框选择其他项，以更改“属性”窗口显示的内容。下拉列表框下面是工具栏。工具栏下面是属性列表，列出当前选中内容的所有属性。“属性”窗口最下面是对属性列表中当前选择属性的文字说明。

（5）其他窗口

除了上面介绍的窗口外，Visual Studio 2017 中还有一些会经常用到的窗口，如“错误列表”窗口，用于显示不正确的语法、拼错的关键字和键入不匹配等错误信息。

“错误列表”窗口对于程序的调试至关重要，如图 1-20 所示。

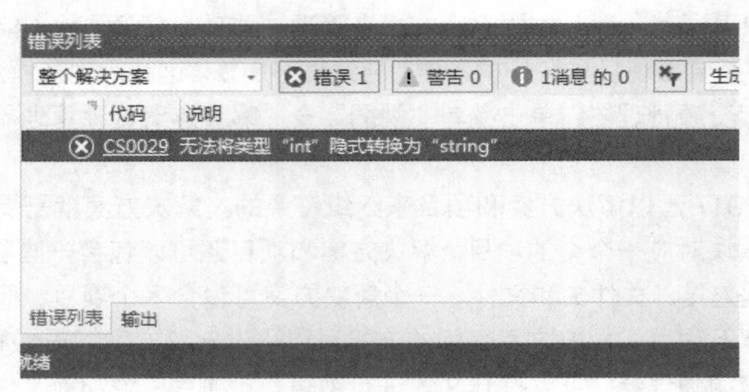

图 1-20 “错误列表”窗口

3. 窗口布局调整

Visual Studio 2017 允许对众多子窗口进行调整、合并，从而定制出符合用户使用习惯的 IDE 布局。

（1）窗口自动隐藏

默认情况下，整个用户界面被划分为若干个区域。这种布局在编写代码或者设计大窗体时不太方便，因为用户编辑区域的宽度不足以显示一行完整的代码或者整个窗体，必须不断地拖动滚动条调整位置，才能查看到完整的代码和窗体布局。

利用 Visual Studio 2017 提供的窗口自动隐藏功能，可以隐藏工具箱、解决方案资源管理器、“属性”窗口及其他窗口，扩大用户编辑区域。这些窗口的右上角都有一个图钉按钮，单击这个按钮，就可以在自动隐藏和不自动隐藏之间切换。窗口自动隐藏后，仅在界面上显示一个图标，把鼠标指针移到这个图标上面，被隐藏的窗口将自动弹出来，此时图钉按钮变为。鼠标指针移开，相应的窗口又会自动隐藏。如果希望窗口恢复到不隐藏状态，单击按钮即可。

（2）窗口位置调整

除了可以设置为自动隐藏窗口，还可以改变窗口的位置，单击任意窗口的标题栏，用鼠标拖动到任意位置释放，窗口的位置即发生改变。若希望恢复为默认窗口布局，单击菜单“窗口”→“重置窗口布局”即可。

4. 获得帮助

Visual Studio 的帮助文档包含在 MSDN Library 中，可以将其安装在本地计算机上，也可以从 Internet 上获得。MSDN Library 的本地版本是格式为.hxs 的压缩 HTML 文件集合，可以自行决定是否在计算机上安装该库的全部或部分内容。

F1 键提供区分上下文的搜索功能。在代码编辑器中，将鼠标指针定位于关键字或类成员上或紧随其后按 F1 键，即可访问 C#关键字和.NET Framework 类的帮助文档。当控件具有焦点时，可以按 F1 键获取该控件的帮助。

1.4 创建第一个 C#控制台（命令行）程序

本节通过创建最简单的 C#程序——控制台应用程序来熟悉 Visual Studio 2017 的开发环境。控制台应用程序是在命令行执行所有的输入和输出，对于快速测试语言功能和编写命令行实用工具都是理想的选择。

（1）单击“开始”→“所有程序”→“Visual Studio 2017”，启动 VS2017（Microsoft Visual Studio 2017 的缩写）。单击菜单“文件”→“新建”→“项目”，将出现“新建项目”对话框。此对话框中列出了 Visual Studio 2017 能够创建的不同的默认应用程序类型，如图 1-21 所示。

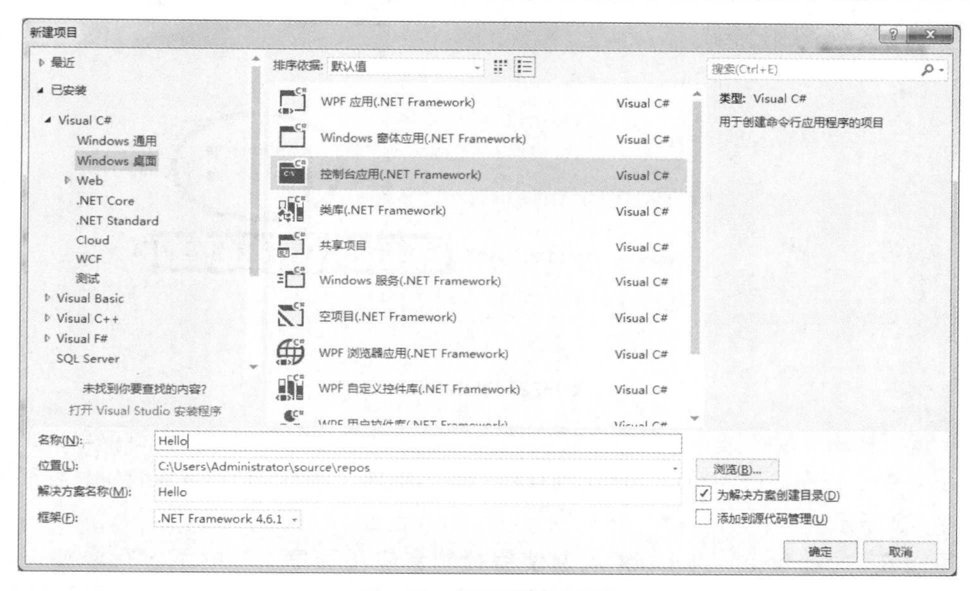

图 1-21　“新建项目”对话框

（2）选择“控制台应用”作为项目类型，并将应用程序的名称更改为“Hello”。可以使用默认位置，也可以根据需要输入新路径或者单击“浏览”按钮选择合适的位置，之后单击“确定”按钮。

Visual Studio 2017 为项目创建以项目标题命名的新文件夹，并打开 Visual Studio 2017 主窗口，可以在主窗口中输入和修改用于创建应用程序的 C#源代码。

“解决方案资源管理器”是非常有用的窗口，用于显示构成项目的各种文件。项目中最重要的文件是 Program.cs 文件，包含应用程序的源代码。

（3）单击 Main 方法内的左大括号“{”的右边，按 Enter 键开始新行。注意观察代码编辑器如何自动缩进。

键入 C#类名或关键字时，可以选择自行键入或者让 IntelliSense 工具帮助完成。例如，当键入“c”时，将显示一个以字母 C 开头的单词列表，因为 IntelliSense 会尝试预测要键入的单词。在本例中，若看不到单词“Console”显示出来。可以向下滚动列表，或者继续键入单词“console”。当“console”在列表中突出显示时，按 Enter 键或 Tab 键，或者双击它，Console 将被添加到代码中。使用 IntelliSense 的好处是可以保证单词大小写和拼写是正确的。

（4）键入一个句点和方法名 WriteLine。在 Console 后键入句点时，将立即显示另一个 IntelliSense 列表。该列表包含属于 Console 类的所有可能的方法和属性。这里需要的是 WriteLine 方法，可以在列表的底部找到。自行完成键入或按向下键选择它，然后按 Enter 键或 Tab 键或双击它，WriteLine 将被添加到代码中。

（5）键入一个左括号。此时将立即看到 IntelliSense 的另一项功能——方法签名，显示为工具提示消息。在本例中可以看到 19 个不同的签名，并可以通过按向上键和向下键浏览。

（6）键入字符串“欢迎使用控制台应用程序 ”，键入字符串时要用双引号（英文输入法的双引号）将字符串括起来，然后添加一个右括号（英文输入法的右括号）。会显示一条红色的波浪下划线，提醒缺少某些符号。键入一个分号“;”（英文输入法的分号），下划线将消失，整个代码效果如图 1-22 所示。

```
namespace Hello
{
    class Program
    {
        static void Main(string[] args)
        {
            Console.WriteLine("欢迎使用控制台应用程序");
        }
    }
}
```

方框外的符号一定要是英文状态下的符号

图 1-22　代码完成效果

（7）运行程序。现在第一个程序已经完成，可以编译和运行了，按 F5 键或单击工具栏中的 ▶ 图标。命令行窗口一闪而过，看不到程序的输出结果。按下 Ctrl+F5 组合键，程序运行结果如图 1-23 所示。

也可以在“Console.WriteLine("欢迎使用控制台应用程序");”的下一行添加一行语句“Console.Read ();”，如图 1-24 所示，使程序等待控制台的输入。按下 F5 键将打开如图 1-24 所示的“控制台”窗口，按任意键后再按 Enter 键或者直接按 Enter 键即可退出程序。

图 1-23　按 Ctrl+F5 组合键的运行结果

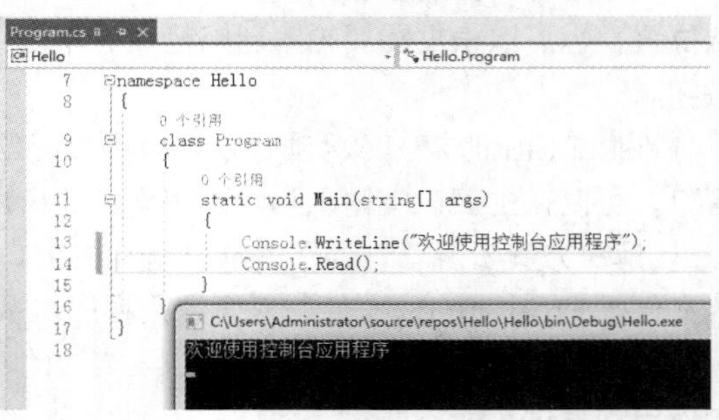

图 1-24　加入“Console.Read ();”的代码及运行结果

1.5 创建第一个 C# Windows 程序

按照下列步骤创建一个 C# Windows 程序，该程序打开一个窗口并响应按钮按下的操作。

（1）单击“开始”→“所有程序”→“Visual Studio 2017”，启动VS2017。单击菜单“文件”→“新建”→“项目”，将出现“新建项目”对话框。选择“Windows 窗体应用”作为项目类型，并将应用程序的名称更改为“Button”。可以使用默认位置，也可以根据需要输入新路径或者单击“浏览”按钮选择合适的位置，之后单击“确定”按钮。

（2）在Windows窗体设计器中会显示一个Windows窗体，这是应用程序的用户界面。如果看不到“工具箱”窗口，在“视图”菜单上单击“工具箱”可以使工具箱可见。

（3）展开“公共控件”选项卡，并用鼠标左键选中Label控件，按住鼠标左键拖动到窗体的合适位置，如图1-25所示。

（4）单击选中Button控件，按住鼠标左键将Button控件拖动到窗体的合适位置，如图1-25所示。

（5）双击按钮打开代码编辑器。Visual C#已插入一个名为button1_Click的方法，单击该按钮时将执行此方法。为此方法添加如下代码：

```
private void button1_Click(object sender, EventArgs e)
{
    //以下为自行键入的代码
    label1.Text = "Hello, World!";
}
```

（6）按F5键编译并运行应用程序。

（7）单击button1按钮时，将显示一条文本消息，如图1-26所示。

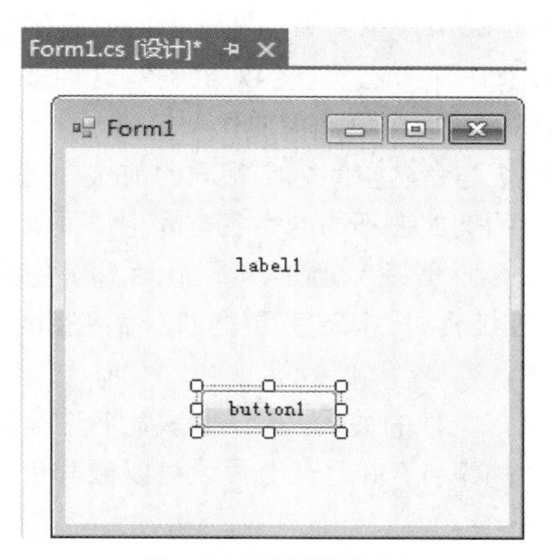

图1-25 窗体设计效果

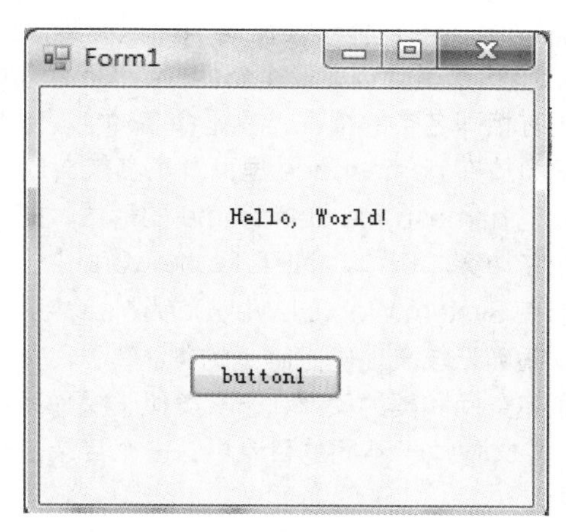

图1-26 窗体运行效果

1.6 C#程序结构简介

本书侧重于介绍控制台应用程序，因此本节将详细讲解控制台应用程序的结构，有关Windows应用程序的介绍请参考第9章。

按照1.5节中的方法创建控制台应用程序，整个代码如下：

```
using System;
```

```
using System.Collections.Generic;
using System.Linq;
using System.Text;
using System.Threading.Tasks;
namespace Hello
{
  class Program
  {
    static void Main(string[] args)
    {
      Console.WriteLine(" 欢迎使用控制台应用程序 ");
      Console.Read();
    }
  }
}
```

1. namespace 命令

namespace 命令定义了一个命名空间。命名空间是一个类的集合，其中包含按照某种关系（一般是逻辑关系）组织在一起的类。命名空间的引入就是为了避免类的命名冲突。

举例来说，.NET Framework 中定义了多个 TextBox 类，其中一个用在 Windows 窗体上，另一个用在 Web 窗体上。如果没有命名空间，那么对 TextBox 类的引用将会出现歧义：究竟引用的是 Windows 窗体中使用的 TextBox 类，还是 Web 窗体中使用的 TextBox 类？如果使用 new TextBox()构造函数创建一个新的 TextBox 对象，会创建一个什么类型的对象呢？这种多个不同的类具有相同名字的情况，就是命名冲突。使用命名空间可以很好地解决这个问题。

把类放在 namespace 里面，类名就自动具有了一个与命名空间名字相同的前缀，完整类名就变成了 namespace.classname 的形式。把相同类名的类放在不同的命名空间中，可以有效地避免命名冲突。例如，.NET Framework 中，一个 TextBox 类在 Windows.Forms 命名空间中，另一个在 System.Web.UI.WebControls 命名空间中。在编程时，指定完整类名（命名空间.类名）就可以明确无歧义地确定唯一的类。

命名空间和类的关系，非常类似于操作系统中目录与文件的关系：为了解决命名冲突和便于管理，将文件放于不同的目录中，一个目录是一组文件的集合，并且一个目录可以嵌套包含其他的目录。

在代码中，使用 namespace 命令定义一个命名空间，紧跟在 namespace 后面的就是命名空间的名字，后面是一对大括号，在这对大括号内定义的所有类都属于这个名称空间。例如在 Hello 程序中，Program 类的命名空间就是 Hello，完整的类名是 Hello.Program。命名空间也可以嵌套，即在一个命名空间中可以再定义新的命名空间。这些嵌套的命名空间构成一种类似于文件路径的层次关系。

在实际进行软件开发时，为了避免所编写的类与其他人员或者公司编写的类发生命名冲突，一般会把类放在一个不容易重名的命名空间中，如以公司名作为顶层命名空间，以部门名作为第二层命名空间，以项目名作为第三层命名空间。

2. using命令

使用命名空间，解决了命名冲突的问题，但是也给编程工作带来一些不便：在使用一个类时，需要把类的命名空间放在类名的前面作为前缀，这样就增加了编码工作量。尤其是在有些命名空间层次很多的情况下，更是显著增加了编程人员输入代码的工作量。

using命令可以很好地解决上述问题，其作用是导入一个命名空间。导入一个命名空间以后，就可以直接通过类名使用这个命名空间里面的类，而不必写完整的类名。在Hello程序中，Console类是定义在System命名空间中的，如果没有第一行的using System，那么在使用Console类时，必须写成System.Console的形式。

3. 程序注释

在程序中加入注释是为了使程序更加清晰可读。注释是给开发、调试和维护人员看的，而不是用来执行的。注释不会被编译，更不会产生可执行代码。

下面是一个简单的注释的例子。

```
//这是一个单行注释
```

实际编程中，通常是选中希望注释的代码，通过单击工具栏上的 按钮将选中代码注释掉，通过单击 按钮将选中代码取消注释，如图1-27所示。

```
Program.cs*
Hello                                   Hello.Program
 7  namespace Hello
 8  {
        0 个引用
 9      class Program
10      {
            0 个引用
11          static void Main(string[] args)
12          {
13              //Console.WriteLine("欢迎使用控制台应用程序");
14              //Console.Read();
15          }
16      }
17  }
18
```

图1-27 注释大段代码后的效果

4. Main函数

Main函数是C#程序的入口点。C#程序运行时，不管是Windows窗体应用程序还是控制台应用程序，都将从Main函数开始执行。Main函数必须被声明为静态的。

根据返回类型和入口参数的不同，Main函数分为以下几种形式：

```
static void Main()
static void Main(string[] args)
static int Main()
static int Main(string[] args)
```

可以看出，Main函数有两种返回类型：void类型和int类型。Main函数可以没有入口参数，也可以接受字符串数组作为参数。

5. Console 类的用法

Console 类位于 System 命名空间，它为控制台程序提供了最基本的输入、输出方法，其中最常用的包括 WriteLine、Write、ReadLine 和 Read，涉及变量的有关知识请参考第 2 章。

（1）Console.ReadLine 和 Console.Read

Console.ReadLine 方法用于从标准输入设备（通常是键盘）输入一行字符（以回车表示结束），返回的结果是 string（字符串）类型的数据，如下所示：

```
string s=Console.ReadLine();
```

上面的语句将从键盘输入的一行字符赋给 string（字符串）型变量 s。注意：Console.ReadLine()的返回结果是字符串。如果需要数值，可以将字符串 s 通过 Convert 类的方法转换为相应的数值，请参考第 2 章。

Console.Read 方法也是从标准输入设备（通常是键盘）输入字符，不过它只接收一个字符，并且返回的结果是一个 int 型数值，即该字符的 ASCII 码。例如：

```
int n=Console.Read();
char c=Convert.ToChar(n);
```

上面的代码中，先将输入的字符的 ASCII 码赋给 int 型的变量 n，再通过 Convert.ToChar 进行转换，最终将输入的字符赋给 char（字符）型变量 c。

（2）Console.WriteLine 和 Console.Write

Console.WriteLine 和 Console.Write 方法均用于在标准输出设备（一般是屏幕）上输出文本（即字符串），区别在于 Console.WriteLine 输出后自动加一个回车换行，而 Console.Write 不自动换行。

Console.WriteLine 和 Console.Write 方法可输出的数据包括字符、字符串、整型数据和实型数据等。例如：

```
int a=10;
string s="hello";
Console.WriteLine(a);
Console.WriteLine(s);
Console.WriteLine(s+a);   //进行字符串连接操作后再输出
```

以上代码的输出结果为：

```
10
hello
hello10
```

6. 简单的程序调试过程

在开发应用程序的过程中，尤其当程序出现错误或者未得到预期的结果时，经常需要进行调试，以便找出问题所在。作为一个优秀的集成开发环境，VS2017 在调试方面的功能非常强大。VS2017 的调试器以高度可视化的方式显示调试中的程序信息，还可以设置条件断点。

新建一个控制台应用程序，其中 Main 函数如下：

```
static void Main(string[] args)
{
  int n;
  n = 1;
  Console.WriteLine(N);
  n = 2;
  Console.WriteLine(n);
  n = 3;
  Console.WriteLine(n);
  Console.Read();
}
```

按下 F5 键运行程序，弹出一个对话框，如图 1-28 所示，单击“否”按钮。VS2017 开发工具的下方出现一个“错误列表”窗口，如图 1-29 所示。

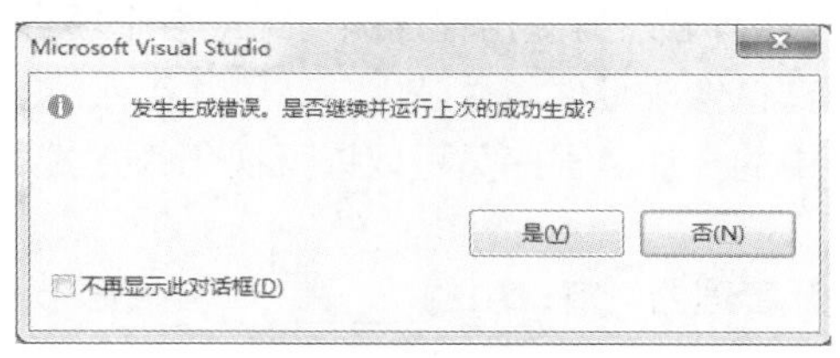

图 1-28　错误提示对话框

错误列表

整个解决方案　错误 1　警告 0　消息 0　生成 + IntelliSense　搜索错误

	代码	说明	项目	文件	行
⊗	CS0103	当前上下文中不存在名称 “N”	Hello	Program.cs	15

错误列表　输出

图 1-29　“错误列表”窗口

在“错误列表”窗口中双击错误提示所在的行，VS2017 会自动在错误处设置焦点，提示某个地方有问题，如图 1-30 所示。

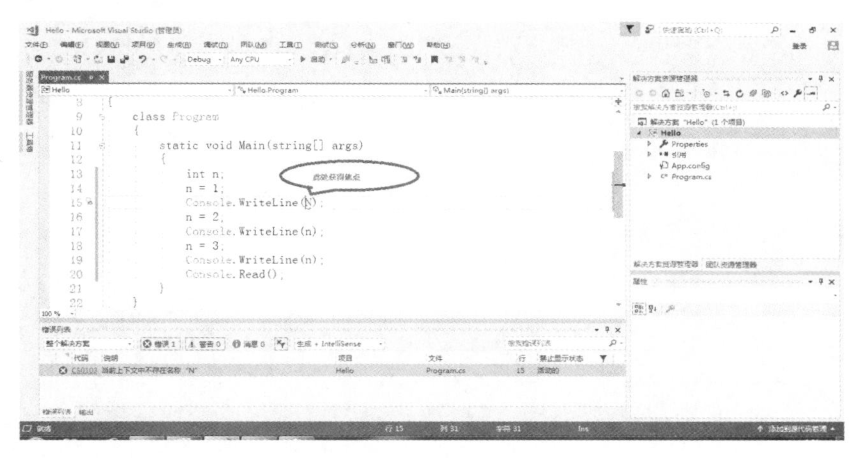

图 1-30　代码错误处获得焦点

根据错误提示：当前上下文中不存在名称“N”，将图 1-30 标注处的大写字母 N 改为小写 n 即可。

本章小结

本章重点介绍了 Visual Studio 2017 集成开发环境，创建控制台应用程序、Windows 应用程序的方法，以及 C#程序的基本结构。在后续的章节还会对这些内容展开，进行更加详细和深入的讨论。

习题

1. 填空题

（1）________窗口包含共同构成 C#应用程序的一个或多个项目。

（2）可以通过________窗口修改控件属性。

（3）通过拖动________中的控件，程序员可以以可视化的方式添加控件而无须编写代码。

2. 选择题

（1）单击“解决方案资源管理器”窗口中的________会展开节点，而单击________会折叠节点。

A. -，+　　B. +，-

C. 向上箭头，向下箭头　　D. 左箭头，右箭头

（2）当鼠标指针在 IDE 工具栏的按钮上方停留几秒钟后，会显示________。

A. 工具箱　　B. 工具栏　　C. 菜单　　D. 工具提示

（3）当鼠标指针移出工具箱选项卡区域时，________会隐藏工具箱。

A. 组件选择功能　　B. 自动隐藏功能　　C. 钉住命令　　D. 最小化命令

2 Chapter

第 2 章

C#的基本语法

本章学习目标

本章主要讲解 C#中的基本数据类型、常量和变量的定义，以及运算符与表达式。通过本章，读者应该掌握以下内容：

1. 声明并使用变量
2. C#的主要数据类型
3. 理解值的类型
4. 使用表达式进行数学运算
5. 不同数据类型之间的转换方法

2.1 注释

在查看代码时注释能够帮助开发人员理解源代码的功能及设计思想。良好的代码注释将会提高开发人员的编程效率，并使程序更加清晰、易读。在程序编译时，注释语句将被忽略，不会参与编译、执行。

C#可以使用双斜杠//和/*...*/两种注释。

双斜杠//为单行注释，只用于单行语句的注释。使用这种注释方式时，从//开始，本行中后面的所有字符都将作为注释，例如：

```
int  x, y;   //定义int变量x和y
```

/*...*/用于多行注释，可以注释多行语句。使用这种注释方式时，从/*开始，直到*/结束，其间所有的内容都将作为注释内容。例如：

```
/*
* Copyright (c) 2009,公司名称
* All rights reserved.
*/
```

2.2 标识符

在程序中会用到各种对象，如常量、变量、数组、方法和类型等，为了识别这些对象，必须赋予每个对象一个名称，称为标识符。

C#的标识符必须遵守以下规则。

（1）所有的标识符只能由字母、数字和下划线这三类字符组成，并且第一个字符必须为字母或下划线。

（2）标识符中不能包含空格、标点符号、运算符等其他符号。

（3）标识符区分大小写。

（4）标识符不能与C#关键字相同。

（5）标识符不能与C#中的类库名相同。

（6）关键字（Keyword）也称为保留字，它是由系统预先定义好的标识符，在C#中有特定的含义。C#的关键字如图2-1所示。

abstract	enum	long	stackalloc
as	event	namespace	static
base	explicit	new	string
bool	extern	null	struct
break	false	object	switch
byte	finally	operator	this
case	fixed	out	throw
catch	float	ovemide	true
char	for	params	try
checked	foreach	private	typeof
class	goto	protected	uint
const	if	public	ulong
continue	implicit	readonly	unchecked
decimal	in	ref	unsafe
default	int	return	ushort
delegate	interface	sbyte	using
do	internal	sealed	virtual
double	is	short	void
else	lock	sizeof	while

图 2-1　C#的关键字

2.3 变量和常量

2.3.1 变量

程序需要对数据进行读、写、运算等操作。当保存特定的值或计算结果时，就需要用到变量（Variable）。变量是计算机内存中被命名的数据存储单元，其中存储的值是可以改变的。变量名实际上是一个符号地址，在对程序进行编译时由系统给每个变量分配一个真正的内存地址。在程序中通过变量取值，实际上就是通过变量名找到相应的内存地址，再从中读取数据或存入数据。

1. 变量命名

为变量命名时要遵循 C#的标识符命名规范。变量名只能由字母、数字和下划线组成，不能包含空格、标点符号、运算符等其他符号；变量名不能与 C#中的关键字名称相同。尽管符合上述要求的变量名就可以使用，但还是给出以下一般性建议。

（1）变量名最好以小写字母开头。

（2）变量名应具有描述性质：选取有意义的字符序列作为变量名，以便于理解所标识的对象，从而便于阅读和记忆。例如，表示人的年龄可以用 age 作为变量名，表示学生成绩可以用 score 或 cj 作为变量名。

（3）在包含多个单词的变量名中，从第二个单词开始都采取首字母大写的形式。例如学生姓名可用 studentName 作为变量名。

2. 变量的定义与使用

在 C#中，使用变量的基本原则是：必须先定义（声明）后使用。在定义一个变量时，必须指定其存储的数据的类型。定义变量的一般格式为：

```
数据类型  变量名;
```

例如：

```
int count;          //定义了一个存放整数的变量 count
byte a,b,c;         //定义了三个存放 8 位无符号整数的变量 a、b、c
```

在程序运行中可以通过表达式给变量赋值。一般格式为：

```
变量名=表达式;
```

例如：

```
a=b+5;
```

在程序中，可以给一个变量多次赋值，变量的当前值等于最后一次给该变量赋的值。此外，也可以在定义变量时为其赋值，称为变量的初始化。

例如：

```
int count=5;
int a=3,b=4,c=5;
```

2.3.2 常量

常量（Constant）是在程序执行过程中其值不能被改变的量。同变量一样，常量也用来存储数据。它们的区别在于，常量一旦初始化就不能再发生变化，可以理解为是符号化的常数。

常量的声明和变量类似，需要指定数据类型、常量名以及初始值，并使用 const 关键字定义。一般格式为：

```
const 数据类型 常量名=表达式;
```

例如：

```
const double PI=3.1415;       //用常量 PI 来代替 3.1415
```

2.4 数据类型

数据类型定义了数据的性质、表示和存储空间的结构。C#的数据类型分为值类型和引用类型，如图 2-2 所示。值类型用来存储实际值，表示该数据类型存储的是一个数据值，基于值类型的变量直接包含值；引用类型用来存储对实际数据的引用，即表示该数据类型不是直接存储数据值而是指向它所引用的值的地址。

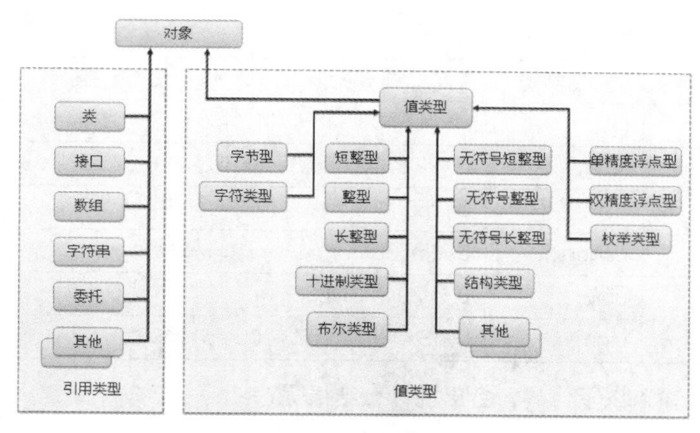

图 2-2 C# 数据类型

2.4.1 值类型

C#的值类型分为三种：简单类型、结构类型（Struct）和枚举类型（Enum），如表 2-1 所示。

表 2-1 C#的值类型

种类		描述
值类型	简单类型（Simple types）	有符号整数：sbyte，short，int，long
		无符号整数：byte，ushort，uint，ulong
		Unicode 字符：char
		IEEE 浮点数：float，double
		十进制数：decimal
		布尔值：bool
	枚举类型（Enum type）	enum E {...}
	结构类型（Struct type）	struct S {...}

1. 简单类型

简单类型用于表示简单数据，可以分为整数类型、浮点类型、十进制类型、布尔类型和字符类型，用于表示整数、小数、字符以及逻辑值等。

（1）整数类型。C#中有 8 种整数类型，包括有符号字节型（sbyte）、字节型（byte）、短整型（short）、无符号短整型（ushort）、整型（int）、无符号整型（uint）、长整型（long）和无符号长整型（ulong）。整数类型的划分依据是该类型变量在内存中所占的位数，位数是按照 2 的指数幂来定义的。整数类型占用的内存和表示的数据范围如表 2-2 所示。

表 2-2 整数类型说明及取值范围

类型名	位数	数据类型	取值范围
有符号整数	8	sbyte	–128~127
	16	short	–32 768~32 767

续表

类型名	位数	数据类型	取值范围
有符号整数	32	int	–2 147 483 648~2 147 483 647
	64	long	–9 223 372 036 854 775 808~9 223 372 036 854 775 807
无符号整数	8	byte	0~255
	16	ushort	0~65 535
	32	uint	0~4 294 967 295
	64	ulong	0~18 446 744 073 709 551 615

在 Main 函数中输入以下代码，会出现什么结果呢?

```
byte a=500;
```

会出现下面的错误提示信息：常量值"500"无法转换为"byte"，因为 byte 的取值范围为 0~255。

（2）浮点类型。C#中的浮点类型包含单精度浮点型（float）和双精度浮点型（double）两种，精度为小数位数，差别在于取值范围和精度不同。浮点类型在计算机中的取值范围如表 2–3 所示。

表 2-3　浮点类型说明及取值范围

类型名	位数	数据类型	取值范围
单精度浮点型	32	float	1.5×10^{-45}～3.4×10^{38}，7 位精度
双精度浮点型	64	double	5.0×10^{-324}～1.7×10^{308}，15 位精度

需要注意的是，一个浮点型常量（带小数点的数）在 C#中的默认类型为 double，占 64 位。若在浮点型常量后加上字符 f（或 F），则表示它为 float 型。例如：

```
double  f1=2.5;
float  f2=2.3f;
```

最常见的错误：float f=2.3;

2.3 默认为 double 类型，占 64 位，将其赋值给 float 类型变量 f（32 位）会报错。

（3）十进制类型。十进制类型（decimal）主要用于金融和货币方面的计算，它的精度是位数（digits），而不是小数位。使用 decimal 类型可以避免浮点计算误差。对十进制类型的数据使用后缀 m，如 0.1m、123.6m 等。如果省略了 m，数据将被 C#编译器当作双精度浮点型（double）处理。十进制类型在计算机中的取值范围如表 2–4 所示。同浮点类型相比，十进制类型具有更高的精度和更小的取值范围。

表 2-4　十进制类型的取值范围

类型名	位数	数据类型	取值范围
十进制类型	128	decimal	1.0×10^{-28}～7.9×10^{28}，29 位精度

（4）布尔类型。布尔类型表示现实中的“真”或“假”这两个概念，主要用来进行逻辑判断。在 C#中，分别采用 true 和 false 来表示“真”和“假”，如表 2–5 所示。

表 2-5　布尔类型的取值范围

类型名	位数	数据类型	取 值 范 围
布尔类型	8	bool	true 或 false

例如：

```
bool a=true;
```

在赋值时，注意不要为 true 或者 false 加上双引号。

（5）字符类型。字符类型数据用来表示单个字符，包括数字字符、英文字母、表达符号、中文等。C#提供的字符类型采用 Unicode 标准字符集。一个 Unicode 标准字符的长度为 16 位，如表 2–6 所示。

表 2-6　字符类型的取值范围

类型名	位数	数据类型	取 值 范 围
字符类型	16	char	在 0~65 535 范围内以双字节编码的任意符号

C#的字符类型数据必须是用单引号括起来的单个字符，如'A'、'0'等都是字符类型数据。C#中的字符属于基本数据类型，字符串属于对象，因此，像 char s="A";的形式是非法的。因为"A"不是字符，而是一个字符串对象。char s='A';才是正确的赋值形式。

使用 char 关键字只能定义一个 Unicode 字符。Unicode 字符是目前计算机上通用的字符编码，它针对不同语言中的字符设定了统一的二进制编码，用于满足跨语言、跨平台的文本转换和处理要求。

在 C#中，还有一种特殊的字符常量，是以反斜线“\”开头的字符序列，称为转义字符。

转义字符具有特定的含义，不使用字符原有的意义，故称“转义”。例如定义一个字符，而这个字符是单引号，如果不使用转义字符，则会产生错误。

```
char a=''';         //错误
char a='\'';        //正确
```

常用转义字符如表 2–7 所示。

表 2-7　转义字符

转 义 符	说　明
\n	回车换行
\t	横向跳到下一制表位置
\"	双引号
\'	单引号
\b	退格
\r	回车
\f	换页
\\	反斜线

2. 枚举类型

当在程序设计中需要一些具有赋值范围的变量（如星期、月份等）时，可以用枚举类型来定义。例如，一周只有 7 天，一年只有 12 个月，这些值可以用有限个常量来表示。枚举类型将变量所能赋的值一一列举出来，给出一个具体的范围，用关键字 enum 说明，定义如下：

```
enum 枚举名
    {
        枚举常量 1[=整型常数],
        枚举常量 2 [=整型常数],
        ...
        枚举常量 n [=整型常数],
    };
```

为枚举类型的变量所赋值的数据类型限于 long、int、short 和 byte 等整数类型。枚举类型定义中的整型常数可以省略，如果省略，则枚举常量的值依次为 0、1、…、n−1，依次递增。

例如，有以下枚举类型定义：

```
enum Season {Spring,Summer,Autumn,Winter};
```

则 Spring 对应整数 0，Summer 对应整数 1，Autumn 对应整数 2，Winter 对应整数 3。C#还规定，在定义枚举类型的同时可以给枚举常量赋初值，例如：

```
enum Season {Spring,Summer=2,Autumn,Winter};
```

则 Spring 对应整数 0，Summer 对应整数 2，Autumn 对应整数 3，Winter 对应整数 4。

定义了枚举类型变量后，可以给枚举类型变量赋值。需要注意的是，只能给枚举类型变量赋枚举常量，或把相应的整数强制转换为枚举类型再赋值。例如：

```
enum Season {Spring,Summer,Autumn,Winter};
Season currentSeason = Season.Autumn;
currentSeason=(Season)2;
```

【例 2-1】 定义一个表示星期的枚举类型，输出枚举变量的值。

```
// Ch02_01.cs
using System;
using System.Collections.Generic;
using System.Linq;
using System.Text;
using System.Threading.Tasks;
namespace Ch02_01
{
  class Program
  {
    enum week
    {
```

```
        Sunday=7,Monday=1,Tuesday,Wednesday,Thursday,Friday,Saturday
      }
      static void Main(string[] args)
      {
        week w;
        w = week.Monday;
        w = (week)2;
        w = (week)(w + 2);
        Console.WriteLine("Today is " + w + ".");
      }
    }
}
```

程序运行结果如下：

```
Today is Thursday.
```

3．结构类型

结构体是一种复合数据类型，允许由其他数据类型构成，一个结构类型变量内的所有数据可以作为一个整体进行处理。

结构体的定义形式如下：

```
struct 结构体标识名
{
  public  类型  成员变量名 1;
  public  类型  成员变量名 2;
  public  类型  成员变量名 3;
  …
};
```

例如，定义立方体结构类型：

```
struct Cube
{
  public  int  length;
  public  int  width;
  public  int  height;
};
Cube  cb1;
```

上面的代码中，cb1 就是一个名为 Cube 的结构类型的变量。

结构体成员的引用通过“.”运算符进行。如下所示：

```
结构体变量.成员名
```

若要给 cb1 的 length 成员赋值 15，可使用如下语句：

```
cb1.length=15;
```

【例 2-2】定义一个表示学生基本信息的结构类型，该结构类型有 3 个成员，分别用来存放学号、年龄和成绩。根据该结构类型定义结构类型变量，并输出相应的结构类型变量的成员的值。

```
// Ch02_02.cs
using System;
using System.Collections.Generic;
using System.Linq;
using System.Text;
using System.Threading.Tasks;
namespace Ch02_02
{
  class Program
  {
    struct Student
    {
      public int stuNo;
      public int age;
      public double score;
    }
    static void Main(string[] args)
    {
      Student mike;
      mike.stuNo = 101;
      mike.age = 18;
      mike.score = 90;
      Console.WriteLine("Mike's info:");
      Console.WriteLine("No: " + mike.stuNo);
      Console.WriteLine("Age: " + mike.age);
      Console.WriteLine("Score: " + mike.score);
    }
  }
}
```

程序运行结果如下：

```
Mike's info:
No: 101
Age: 18
Score: 90
```

2.4.2 引用类型

在内存中不直接存储引用类型的数据，而是存储该数据的地址，由此可以索引到所需的数据。由于引用类型仅仅存储数据的索引，所以两个引用类型可能同时指向一个数据，修改任何一个引用类型都会改变该数据。

引用类型包括类(class)、接口(interface)、数组(array)、字符串(string)和委托(delegate)等，后面的章节将详细介绍这些类型。

2.4.3 隐含类型

C#是一种强类型的语言，以前在声明变量的同时，必须显式指出变量的类型，否则会出现编译错误。从C# 3.0开始，在声明变量的同时，可以不具体说明变量的类型，而是可以声明为var类型。用var来声明任何类型的局部变量时，它只告诉编译器该变量需要初始化表达来推断变量的类型，并且只能是局部变量。例如：

```
var i=2;                              //等同于 int i=2;
var h=23.56;                          //等同于 double h=23.56;
var name="Good";                      //等同于 string name="Good";
var numbers=new int[] {1,2,3};        //等同于int [] numbers=new int[] {1,2,3};
```

C#在编译代码的时候，根据var变量的初始值来确定其类型，所以有一定的约束规则，具体如下。

（1）声明者必须包含一个构造者。构造者必须是一个表达式，不能是一个对象或者构造者集合的自身，但是可以是一个新的包含一个对象或者构造者集合的表达式。

（2）在编译时构造者表达式的类型不能为null类型。

（3）如果本地变量声明包含多个声明者，那么构造者必须具有相同的编译时类型。

根据以下规则，下面给出一些错误地使用var的情况。

（1）使用var声明局部变量时，一定要赋值，因为声明依赖于赋值号右边的表达式，否则编译器会报错。例如：

```
var x;  //错误，因为没有给变量赋初始值
```

（2）使用var 声明局部变量后，它仍然是强类型，不可以进行类型转换。例如：

```
var number=19;    number="This is error!"     //此时就会报错
```

（3）初始化表达式的编译时类型不可以是空(null)，因为编译器无法从null推断出局部变量的类型。例如：

```
var z=null;  //错误，初始化的值不能是null
```

关键字 var 只能在本地范围内使用，即 var 的声明方式仅限于局部变量，也可以使用在foreach、for、using 语句中。换句话说，可以用这种方式去定义本地变量，但是成员或者参数却不能。

2.5 类型转换

在表达式中，当混合使用不同类型的数据时，需要对数据类型进行转换。C#中的数据类型转换分为两类：自动类型转换和强制类型转换。

2.5.1 自动类型转换

在运算时 C#会对数据类型自动进行转换。自动类型转换是系统默认的，不需要任何声明就可以进行，它由编译器根据不同类型数据间的转换规则自动完成，又称为隐式类型转换。例如：

```
int  a = 100;
double  b = a;            //不同类型自动转换
char c1 = 'A';
int c2 = c1;              //不同类型自动转换
```

自动类型转换遵循“由低级类型向高级类型转换，结果为高级类型”的原则，从而保证计算精度。表 2-8 列出了在 C#中可以进行的各种自动数值转换。

表 2-8 自动数值转换

从	到
sbyte	short、int、long、float、double 或 decimal
byte	short、ushort、int、uint、long、ulong、float、double 或 decimal
short	int、long、float、double 或 decimal
ushort	int、uint、long、ulong、float、double 或 decimal
int	long、float、double 或 decimal
uint	long、ulong、float、double 或 decimal
long	float、double 或 decimal
ulong	float、double 或 decimal
char	ushort、int、uint、long、ulong、float、double 或 decimal
float	double

自动数值转换实际上就是从低精度的数值类型到高精度的数值类型的转换。从表 2-8 中可以看出，不存在到 char 类型的自动转换，意味着其他整数类型不能自动转换为 char 类型。在数据类型进行自动转换时，按照以下规则进行。

（1）在非赋值运算中，运算前，先对运算符两边的操作数类型进行比较，将两个操作数转换为同一数据类型，再进行计算。这种转换是向上的，即 char、short 都转换为 int 型，int 型转换为 unsigned 型，unsigned 型转换为 long 型，long 和 float 型都转换为 double 型。

（2）在赋值运算中，右边的数值将转换为与左边变量相同的数据类型，再赋予左边的变量。需要注意的是，如果右边的数值超过左边变量所能表达的数值范围，则对其进行适当的截取处理后再进行赋值。

2.5.2 强制类型转换

强制类型转换就是强制执行从一种数据类型到另一种数据类型的转换，也称为显式类型转换，一般用强制类型转换符来实现。C#提供了一个类型转换运算符，用于对数据类型进行强制转换。类型转换运算符用圆括号“( )”表示，其使用格式如下：

```
(类型名)变量或表达式
```

例如：

```
int i;
float j=4.5f;
i=(int)j;
```

强制数值转换是指当不存在相应的隐式数值转换时，从一种数值类型到另一种数值类型的转换。需要注意的是，类型转换运算符“( )”在对变量进行强制转换时，仅对变量的值的类型进行转换，而不转换变量本身的类型。表2-9列出了各种强制数值转换。

表2-9　强制数值转换

从	到
sbyte	byte、ushort、uint、ulong或char
byte	sbyte或char
short	sbyte、byte、ushort、uint、ulong或char
ushort	sbyte、byte、short或char
int	sbyte、byte、short、ushort、uint、ulong或char
uint	sbyte、byte、short、ushort、int或char
long	sbyte、byte、short、ushort、int、uint、ulong或char
ulong	sbyte、byte、short、ushort、int、uint、long或char
char	sbyte、byte或short
float	sbyte、byte、short、ushort、int、uint、long、ulong、char或decimal
double	sbyte、byte、short、ushort、int、uint、long、ulong、char、float或decimal
decimal	sbyte、byte、short、ushort、int、uint、long、ulong、char、float或double

与隐式类型转换相比，显式类型转换不一定总能成功，有可能会造成数据信息的丢失或产生异常。

```
int a=5;
int b=2;
double c=a/b;
```

Console.WriteLine(c);的结果会是多少呢？你认为程序将输出2.5。然而，事实并非如此。

a为int类型，b也为int类型，a/b是int/int的形式，所得结果一定也是int类型。a/b将得到结果值2，整型值2又被赋给双精度变量c，所以最终双精度变量c中存放的是2.0。请大家自行验证。

那么怎么样才能使c中的值是2.5呢？解决方法就是使用强制类型转换。请看以下代码：

```
int a=5;
int b=2;
double c=(double)a/b;      //第3行
Console.WriteLine(c);
```

(double)a 将 a 转换为双精度数，如下所示：

```
double c=5.0/b;
```

5.0/b 是 double/int 的形式，其结果当然是双精度型。所以，上述代码会继续演变成如下形式：

```
double c=2.5;
```

如果想得到精确的计算结果值，请像第 3 行那样书写代码；否则，程序运行后就会输出意想不到的结果。不论是读别人编写的程序，还是自己编写程序，都必须时时刻刻留心数据类型的转换。

2.6 字符串

前面已经介绍了 char 类型，它只能表示单个字符，不能表示由多个字符连接而成的字符串。在 C#中，字符串作为对象来处理，可以通过 string 类型来创建字符串对象。

在 C#中，字符串必须包含在一对 " " （双引号）之内。例如："12.12"、"abcd"、"武汉"都是字符串常量。在输出时，双引号内的内容将原样输出（双引号不会输出）。

使用“+”运算符可以完成多个字符串的连接，也可以实现字符串常量和变量的连接。

```
string s1 = Console.ReadLine();        //从控制行读取一行字符串赋值给 s1
string s2 = "，欢迎你进入";
string s3 = "武汉软件工程职业学院";
Console.WriteLine(s1+s2+s3);
Console.Read();
```

输入“张三”后回车，运行结果如图 2-3 所示。

图 2-3 程序运行结果

string 对象与基本数据类型的数据可以进行“+”运算，其运算结果为一个 string 类型的对象，即“字符串+整数（浮点数）=字符串”。

```
int a = 5, b = 7;
```

```
Console.WriteLine(a+b);          //结果为 12，两个 int 数做运算
Console.WriteLine(""+a + b);     //结果为 57，字符串+整数=字符串
```

System.Convert 类位于 System 命名空间，它为数据类型转换提供了一整套方法，可以将一个基本数据类型转换为另一个基本数据类型。使用 Convert 类的方法可以方便地执行强制数据类型转换，以及不相关数据类型间的转换。Convert 类的常用方法如表 2-10 所示。

表 2-10　Convert 类的常用方法

名　称	说　明
Equals	确定两个 Object 实例是否相等
GetTypeCode	返回指定对象的数据类型
IsDBNull	指定对象是否为 DBNull 类型
ToBoolean	将指定的值转换为等效的布尔值
ToByte	将指定的值转换为 8 位无符号整数
ToChar	将指定的值转换为 Unicode 字符
ToDateTime	将指定的值转换为 DateTime
ToDecimal	将指定的值转换为 Decimal 数字
ToDouble	将指定的值转换为双精度浮点数字
ToInt16	将指定的值转换为 16 位有符号整数
ToInt32	将指定的值转换为 32 位有符号整数
ToInt64	将指定的值转换为 64 位有符号整数
ToSByte	将指定的值转换为 8 位有符号整数
ToSingle	将指定的值转换为单精度浮点数字
ToString	将指定的值转换为等效的 String 表示形式
ToUInt16	将指定的值转换为 16 位无符号整数
ToUInt32	将指定的值转换为 32 位无符号整数
ToUInt64	将指定的值转换为 64 位无符号整数

在进行数据类型转换时，可以将要转换的值传递给 Convert 类中的某一方法，并将返回的值赋给目标变量。例如：

```
char  c='A';
int  a=Convert.ToInt16(c);     //将字符'A'的 ASCII 码值并赋给变量 a
string  s="12.43";
float  f=Convert.ToSingle(s);//将字符串"12.43"转换为单精度数值 12.43 并赋给变量 f
```

2.6.1　比较字符串

比较字符串并非比较字符串的长度，而是比较字符串在英文字典中的位置。比较字符串将按照字典排序的规则，判断两个字符串的大小。在英文字典中，前面的单词小于后面的单词。

最常见的比较字符串的方法有 Compare、CompareTo、Equals 等，这些方法都属于 string 类。除此以外，还可以使用比较运算符“=”来实现。

1. Compare 方法

Compare 方法用来比较两个字符串是否相等，它有很多个重载方法，其中最常用的两个方法如下：

```
int Compare(string strA, string strB)
int Compare(string strA, string strB, bool ignoreCase)
```

strA 和 strB：代表要比较的两个字符串。

ignoreCase：是一个布尔类型的参数，如果参数值是 true，在比较字符串时就会忽略大小写的差别。Compare 方法是静态方法，在使用时可以直接引用。

如果 strA 的值与 strB 的值相等，则返回 0，strA 的值大于（按字典顺序，前面的为小，后面的为大）strB 的值，则返回 1，否则返回-1。

2. CompareTo 方法

CompareTo 方法与 Compare 方法相似，都用来比较两个字符串是否相等，不同的是 CompareTo 方法以实例对象本身与指定的字符串作比较，其语法为：

```
int CompareTo(string strB)
```

对字符串 strA 和字符串 strB 进行比较的代码为：strA.CompareTo(strB)，返回值的含义同 Compare 方法。

3. Equals 方法

Equals 方法主要用于比较两个字符串是否相同，如果相同，则返回值为 true，否则为 false，其常用的两种方式的语法如下：

```
bool Equals(string value)
static bool Equals(string strA,string strB)
```

【例 2-3】 比较字符串的各种方法。

```
//Ch02_03.cs
using System;
using System.Collections.Generic;
using System.Linq;
using System.Text;
using System.Threading.Tasks;
namespace Ch02_03
{
  class Program
  {
    static void Main(string[] args)
        {
           string  strA= "abcd", strB ="abe";
           Console.WriteLine(string.Compare(strA,strB));    //-1
```

```
            Console.WriteLine(string.Compare(strA, strA));   //0
            Console.WriteLine(string.Compare(strB, strA));   //1
            Console.WriteLine(strA.CompareTo(strB));         //-1
            Console.WriteLine(strA.Equals(strB));            //False
            Console.WriteLine(string.Equals(strA,strB));     //False
            Console.Read();
        }
    }
}
```

2.6.2　操作字符串

1. 截取子串

String 类提供了一个 SubString 方法，该方法可以截取字符串中指定位置和指定长度的子字符串。其语法格式如下：

```
public string SubString(int startIndex, int length)
```

startIndex：子字符串在原始字符串的起始位置索引。
length：子字符串的长度。

2. 插入字符串

String 类提供了一个 Insert 方法，用于向字符串的任意位置插入新的字符串。其语法格式如下：

```
public string Insert(int startIndex, string value)
```

startIndex：指定要插入的位置。
value：指定要插入的字符串。

3. 删除字符串

String 类提供了一个 Remove 方法，用于从一个字符串的指定位置开始，删除指定数量的字符。其语法格式如下：

```
public string Remove(int startIndex)
public string Remove(int startIndex, int count)
```

startIndex：指定开始删除的位置。
count：要删除字符串的长度。
此方法有两种语法格式：第一种格式是删除字符串中从指定位置到最后位置的所有字符，第二种格式是从字符串中的指定位置开始删除指定数目的字符。

4. 替换字符串

String 类提供了一个 Replace 方法，用于将字符串中的某个字符串替换为其他的字符串。其语法格式如下：

```
public string Replace(string oldvalue, string newvalue)
```

oldvalue：待替换的字符串。

newvalue：替换后新的字符串。

【例 2-4】 操作字符串的各种方法。

```
//Ch02_04.cs
using System;
using System.Collections.Generic;
using System.Linq;
using System.Text;
using System.Threading.Tasks;
namespace Ch02_04
{
  class Program
  {
    static void Main(string[] args)
      {
          string  s= "武汉软件工程职业学院";
          Console.WriteLine(s.Substring(2,4));     //软件工程
          Console.WriteLine(s.Insert(10,"欢迎你"));//武汉软件工程职业学院欢迎你
          Console.WriteLine(s.Remove(2));          //武汉
          Console.WriteLine(s.Replace("学院","学院信息学院")); //武汉软件工程
                                                   //职业学院信息学院
          Console.Read();
      }
  }
}
```

2.6.3 StringBuilder 类与 String 类的区别

创建成功的 String 对象的长度是固定的，内容不能被改变和编译。每次使用 String 类中的方法时，都会在内存中创建一个新的字符串对象，需要为该新对象分配新的空间。在对字符串执行频繁修改的情况下，与创建新的 String 对象相关的系统开销可能会非常大。如果只修改字符串而不创建新的对象，可以使用 StringBuilder 类。从下面的代码可以看出，使用 StringBuilder 类可以大幅提高性能。

【例 2-5】 StringBuilder 类与 String 类的区别。

```
//Ch02_05.cs
using System;
using System.Collections.Generic;
using System.Linq;
using System.Text;
using System.Threading.Tasks;
```

```
namespace Ch02_05
{
  class Program
  {
    static void Main(string[] args)
    {
      String str = ""; //创建空字符串
      //定义对字符串执行操作的起始时间
      long starTime = DateTime.Now.Millisecond;
      for (int i = 0; i < 10000; i++)
      { //利用 for 循环执行 10000 次操作
        str = str + i; //循环追加字符串
      }
      long endTime = DateTime.Now.Millisecond; //定义对字符串结束操作的时间
      long time = endTime - starTime; //计算对字符串执行操作的时间
      Console.WriteLine("String 消耗时间：" + time); //将执行的时间输出
      StringBuilder builder = new StringBuilder("");//创建字符串生成器
      starTime = DateTime.Now.Millisecond; //定义操作执行前的时间
      for (int j = 0; j < 10000; j++)
      { //利用 for 循环进行操作
        builder.Append(j); //循环追加字符
      }
      endTime = System.DateTime.Now.Millisecond; //定义操作结束后的时间
      time = endTime - starTime;//追加操作执行的时间
      Console.WriteLine("StringBuilder 消耗时间：" + time); //将操作时间输出
      Console.ReadLine();
    }
  }
}
```

程序运行结果如图 2-4 所示。

图 2-4　程序运行结果

2.7 运算符

运算符又称操作符，是数据间进行运算的符号，表示数据间进行操作的方式。表达式就是按照一定规则，将运算对象用运算符连接起来的有意义的式子。运算对象可以是常量、变量、函数，也可以是其他表达式。在构成表达式时，运算符具有不同的优先级，还有不同的结合方式。

2.7.1 运算符的分类

C#具有丰富的运算符，按运算类型可分为赋值运算符、算术运算符、逻辑运算符、关系运算符、位运算符、指针运算符和取成员运算符等；按运算对象（又称为操作数）的个数又可分为一元运算符、二元运算符和三元运算符。

2.7.2 运算符的优先级

优先级决定不同级别的运算符在参与运算时的运算次序，结合方式决定运算的方向和相同优先级的运算符在运算时的先后次序。当一个表达式包含多个运算符时，编译器就会根据默认的运算符优先级来控制各个运算符求值的顺序。C#的运算符按从高到低的优先级排列如表 2-11 所示。

表 2-11 运算符优先级列表

运算符类型	运 算 符
初级运算符	x.y，f(x)，a[x]，x++，x--，new，typeof，checked，unchecked
一元运算符	!，~，++，--，(T)x
乘法、除法、取模运算符	*，/，%
增量运算符	+，-
移位运算符	<<，>>
关系运算符	<，>，<=，>=，is，as
等式运算符	==，!=
逻辑“与”运算符	&
逻辑“异或”运算符	^
逻辑“或”运算符	|
条件“与”运算符	&&
条件“或”运算符	||
条件运算符	?:
赋值运算符	=，*=，/=，%=，+=，-=，<<=，>>=，&=，^=，|=

当一个操作数出现在两个有相同优先级的运算符之间时，运算符按照出现的顺序由左向右执行。在 C#中，除了赋值运算符，所有的二元运算符都是左结合的，也就是说，操作按照从左向右的顺序执行。例如，x+y+z 按(x+y)+z 进行求值。赋值运算符则按照右结合的原则，即操作按照从右向左的顺序执行。例如，x=y=z 按照 x=(y=z)进行求值。

需要注意的是，在复杂的表达式中，用圆括号括住的部分要优先运算，其优先级高于任何运算符。如果无法确定表达式中运算符的优先顺序，可以增加圆括号来明确求值的顺序，使表达式更具可读性。

2.7.3　算术运算符

算术运算符对数值型运算对象进行运算，运算结果也是数值型。当操作数的类型不同时，C#编译器将先应用类型转换规则，从而确保操作以可预测的方式执行。算术运算符可分为基本算术运算符和自增自减运算符两类。表2-12列出了算术运算符。

表2-12　算术运算符

运　算　符	描　　述	运　算　符	描　　述
+	加	%	取余数
−	减	++	自增1
*	乘	−−	自减1
/	除		

1. 加法运算符“+”与减法运算符“−”

（1）加法运算符“+”用于将两个操作数的值相加，并返回计算结果；减法运算符“−”用于从第一个操作数的值中减去第二个操作数的值。

（2）加法运算符“+”与减法运算符“−”既是双目运算符又是单目运算符，作单目运算符时，运算符“+”与“−”的实质就是取操作数的值或负值，与数学中的含义相同。

2. 乘法运算符“*”与除法运算符“/”

（1）乘法运算符“*”与除法运算符“/”可用于整型和浮点型数据，用法与数学中的含义相同。

（2）必须注意“/”运算符，当参与相除运算的两个操作数均为整型时，其计算结果为除法运算后所得商的整数部分。例如，5/2的结果是2。若两个操作数中有一个是浮点型，则结果为双精度浮点型。例如，5.0/2的结果是2.5。

3. 求余运算符“%”

求余运算符“%”用来求余数，又称为求模运算符。C#中的求余运算既适用于整数类型，又适用于浮点数类型，运算结果是两个操作数相除的余数。例如10%3的结果为1，5%1.5的结果为0.5。

4. 自增“++”和自减“−−”运算符

单目运算符自增（++）和自减（−−）的作用是以一种紧凑格式使整型变量的值增1或减1。这两个运算符都有前置和后置两种形式。前置形式是指运算符在操作数的前面，后置形式是指运算符在操作数的后面。例如：

```
i++;        //++后置
```

```
- -j;        //- -前置
```

无论是前置还是后置，这两个运算符的作用都是使操作数的值增 1 或减 1。例如：

++i 与 i++的作用相当于 i=i+1；

– –i 与 i– –的作用相当于 i=i–1。

这里需要注意以下两点。

（1）自增（++）和自减（– –）运算符只能用于变量，而不能用于常量或表达式。如 3++或(a+b)++都是不合法的。

（2）++和– –运算符的结合性是“自右至左”。若自增（++）和自减（– –）运算符仅用于某个变量的增 1 和减 1，则前置和后置两种形式是等价的；若将自增（++）和自减（– –）运算符和其他运算符组合在一起，则前置和后置两种形式在求值次序上就会有所不同。运算符后置用法，代表先使用变量，然后对变量增值；运算符前置用法，代表先对变量增值，再使用变量。例如：

```
++i, - -i             (在使用 i 参与其他运算之前，先使 i 的值加（减）1)
i++, i- -             (在使用 i 参与其他运算之后，再使 i 的值加（减）1)
```

2.7.4 赋值运算符

赋值就是给一个变量赋一个新值。赋值运算用于改变变量的值，即为变量赋值。赋值运算符用于将等号右边的操作数（第二个操作数）的值赋给左边的操作数（第一个操作数）。表达式的结果是右边操作数的值，所以赋值操作可以串联在一起。例如：

```
int  x, y, n;
x=6;
n=y=x;
```

上述代码中，先将数值 6 赋给变量 x，再将 x 的值 6 赋给变量 y。然后将变量 y 的值赋给变量 n。赋值运算的结果：x、y、n 的值均为 6。

除提供了一个简单赋值运算符“=”外，C#还提供了多个复合赋值运算符，包括+=、–=、*=、/=、%=、<<=、>>=、&=、^= 和|=。复合赋值运算符是将一个其他运算符加上简单赋值运算符而得到，其含义为：将左操作数和右操作数按该运算符进行运算，再将结果的值赋给左操作数。例如：

```
x+=10;              //等价于 x=x+10;
y*=n;               //等价于 y=y*n;
```

如果赋值操作符两边的操作数类型不一样，就要先进行类型转换。

【例 2-6】 分析下列程序的运行结果。

```
//Ch02_06.cs
using System;
using System.Collections.Generic;
using System.Linq;
using System.Text;
using System.Threading.Tasks;
```

```
namespace Ch02_06
{
  class Program
  {
    static void Main(string[] args)
    {
      int a, b, c;
      a = b = c = 3;
      a = a + b;
      Console.WriteLine("a={0}, b={1}, c={2}", a, b, c);
      int d = 7 / 2;
      Console.WriteLine("d={0}", d);
      double e = 7.0 / 2;
      Console.WriteLine("e={0}", e);
      int f = 10 % -3;
      Console.WriteLine("f={0}", f);
      double g = a - c + d * e - b / f;
      Console.WriteLine("g={0}", g);
      int i = 10, j = 10, m, n;
      m = ++i;
      n = j++;
      Console.WriteLine("i={0}, j={1}", i, j);
      Console.WriteLine("m={0}, n={1}", m, n);
    }
  }
}
```

程序中，整型变量 a、b、c 赋值后的结果分别为 6、3、3；整型变量 d 的值为两个整数 7 和 2 相除后取整得到的 3；同样是除法运算，由于 7.0 为双精度浮点型，表达式 7.0/2 得到的应该是浮点数 3.5，所以变量 e 的值为 3.5；变量 f 的值为 10 除以−3 的余数；变量 g 的值为一个算术运算表达式的结果，该表达式按照运算符的优先级先乘除后加减，而表达式中的变量类型不同，要根据自动类型转换的规律由低向高转换，最后得到的结果为双精度浮点型。最后的两个赋值运算中分别用到了前置和后置的自增运算符，其运算的实质可以分解如下：

```
m = ++i;          //先执行 i=i+1;，后执行 m=i;
n = j++;          //先执行 n=j;，后执行 j=j+1;
```

程序运行结果如下：

```
a=6, b=3, c=3
d=3
e=3.5
f=1
g=10.5
i=11, j=11
```

```
m=11, n=10
```

2.7.5 关系运算符

关系运算符用于比较两个操作数的大小，其比较结果是一个布尔型的值。当两个操作数满足关系运算符指定的关系时，表达式的值为 true，否则为 false。表 2-13 列出了 C#的关系运算符。

表 2-13 关系运算符

运算符	描述	运算符	描述
==	等于	>	大于
!=	不等于	<=	小于或等于
<	小于	>=	大于或等于

需要注意的是，“等于”关系运算符是两个等号“==”，不要与赋值运算符“=”搞混。关系运算符的优先级低于算术运算符，高于赋值运算符。

【例 2-7】 分析下列程序中关系表达式的结果。

```
// Ch02_07.cs
using System;
using System.Collections.Generic;
using System.Linq;
using System.Text;
using System.Threading.Tasks;
namespace Ch02_07
{
  class Program
  {
    static void Main(string[] args)
    {
      int a = 1, b = 2;
      Console.WriteLine("a==b : {0}", a == b);
      Console.WriteLine("a>=b : {0}", a >= b);
      Console.WriteLine("a<b : {0}", a < b);
      Console.WriteLine("b==2 : {0}", b == 2);
      Console.WriteLine("a!=b : {0}", a != b);
    }
  }
}
```

程序运行结果如下：

```
a==b : false
a>=b : false
a<b : true
b==2 : true
a!=b : true
```

2.7.6 位运算符

位运算符是对操作数按其二进制形式逐位进行运算，参加位运算的操作数必须为整型或者是可以转换为整型的其他类型。常用的位运算符如表2-14所示。

表2-14 位运算符

运 算 符	描 述
&	AND
|	OR
^	XOR（异或）
~	取反

除按位取反运算符“~”为单目运算符外，其他位运算符均为双目运算符。位逻辑运算能够方便地设置或屏蔽内存中某个字节的一位或几位，也可以对两个数按位相加；移位运算则可以对内存中某个二进制数左移或右移几位。

1.“按位与”运算符&

运算规则：参加运算的两个操作数，如果相应位的值都是1，则该位的运算结果为1，否则为0。例如，计算 3&5。

```
   3:     00000011
   5: (&) 00000101
3&5:      00000001
```

使用“按位与”操作可以将操作数中的若干位置0（其他位不变），或者取操作数中的若干位。例如，如果要保留整数a的低字节，屏蔽掉高字节，只需要将a和b进行“按位与”运算即可，其中将b的高字节置为0，低字节置为1，即

```
00101010 01010010 & 00000000 11111111 = 00000000 01010010
```

2.“按位或”运算符|

运算规则：参加运算的两个操作数，如果相应位的值都是0，则该位的运算结果为0，否则为1。例如，计算 3|5。

```
   3:     00000011
   5: (|) 00000101
3|5:      00000111
```

使用“按位或”操作可以将操作数中的若干位置为1（其他位不变）。例如，想把a的第10位置为1，并且不要破坏其他位，可以对a和b进行“按位或”运算，其中将b的第10位置为1，其他位置为0，即

```
00100000 01010010 | 00000010 00000000 = 00100010 01010010
```

3.“按位异或”运算符^

运算规则：参加运算的两个操作数，如果相应位的值不同，则该位的运算结果为 1，否则为 0。例如，计算 071^052。

```
     071:      00111001
     052:   (^)00101010
 071^052:      00010011
```

使用“按位异或”操作可以将操作数中的若干位翻转。如果让某位与 0 异或，结果是该位的原值；如果让某位与 1 异或，结果与该位的原值相反。例如，要把 a 的奇数位翻转，可以对 a 和 b 进行“按位异或”运算，其中将 b 的奇数位置为 1，偶数位置为 0，即

```
00000000 01010010 ^ 01010101 01010101 = 01010101 00000111
```

4.“按位取反”运算符~

运算规则：对一个操作数的每一位取反，即将 1 变为 0，0 变为 1。例如，~11010100 的结果为 00101011。

位逻辑运算规则如表 2-15 所示。

表 2-15 位逻辑运算规则

a	b	a&b	a|b	a^b	~a	~b
0	0	0	0	0	1	1
0	1	0	1	1	1	0
1	0	0	1	1	0	1
1	1	1	1	0	0	0

2.7.7 逻辑运算符

逻辑运算符用于将多个关系表达式或逻辑量（“真”或“假”）组成一个逻辑表达式。逻辑表达式的结果是一个布尔值，结果为真则为 true，结果为假则为 false。

C#提供的逻辑运算符有：逻辑与“&&”、逻辑或“||”、逻辑非“!”。逻辑运算符的运算规则如下。

（1）&&：双目运算符，当且仅当两个操作数的值都为“真”时，运算结果为“真”，否则为“假”。等价于“同时”。

（2）||：双目运算符，当且仅当两个操作数的值都为“假”时，运算结果为“假”，否则为“真”。等价于“或者”。

（3）!：单目运算符，当操作数的值为“真”时，运算结果为“假”；当操作数的值为“假”时，运算结果为“真”。等价于“否定”。

例如，设 x=5，则(x>=0) && (x<25)的值为“真”，(x<−5) || (x>5)的值为“假”。

归纳逻辑运算的规律，得到逻辑运算的结果列表，称为真值表，如表 2-16 所示。

表 2-16　逻辑运算符的真值表

a	b	a&&b	a||b	!a
true	true	true	true	false
true	false	false	true	false
false	true	false	true	true
false	false	false	false	true

逻辑运算符的优先级和结合性如下。

- 优先级

（1）逻辑非（!）是单目运算符，优于双目运算符。

（2）逻辑与（&&）和逻辑或（||）是双目运算符，其优先级如下：双目算术运算符＞关系运算符 ＞&&＞||。

- 结合性

（1）逻辑非（!）和单目算术运算符是同级的，结合性自右向左。

（2）逻辑与（&&）和逻辑或（||）是双目运算符，其结合性自左向右。

【例 2–8】 分析下列程序中逻辑表达式的结果。

```
// Ch02_08.cs
using System;
using System.Collections.Generic;
using System.Text;
namespace Ch02_08
{
  class Program
  {
    public static void Main()
    {
      int x = 3, y = 5, a = 2, b = -3;
      Console.WriteLine("a>b && x<y={0}", a > b && x < y);   //①
      Console.WriteLine("!(a>b) && !(x>y)={0}", !(a > b) && !(x > y));//②
      Console.WriteLine("!(a>x) || !(b < y)={0}", !(a > x) || !(b < y));
                                                               //③
    }
  }
}
```

该程序中，语句①中，a>b 的值为 true，x<y 的值为 true，true&&true 的结果是 true；语句②中，a>b 的值为 true，!(a>b)为 false，false 与任何逻辑量相与均为 false，故语句②的结果为 false；语句③中，a>x 的值为 false，!(a>x)的值为 true，true 与任意逻辑量相或均为 true，故语句③的结果是 true。

程序运行结果如下：

```
a>b && x<y=true
```

```
!(a>b) && !(x>y)=false
!(a>x) || !(b < y)=true
```

2.7.8 条件（三目）运算符

条件运算符是 C#中唯一有 3 个操作数的运算符，也称为三目运算符。它由“?”和“:”两个符号组成，3 个操作数都是表达式。

其语法格式如下：

```
<表达式 1> ? <表达式 2> : <表达式 3>
```

表达式 1 是 C#中可以产生“真”或“假”结果的任何表达式，如果表达式 1 的值为 true，则执行表达式 2，条件表达式的运算结果为表达式 2 的值；否则执行表达式 3，运算结果为表达式 3 的值。

条件运算符在优先级上仅优于赋值运算符，在结合性上为自右向左。

例如：

```
a=3;  b=5;
n = (a>b) ? a: b;         // 如果 a>b 成立，则 n 的值为 1，否则为 0
```

由于 a>b 的值为 false，故条件表达式的值为 b，即 5，再将 5 赋值给 n，n 的值为 5。

本章小结

本章介绍了 C#的标识符和注释的规范，以及 C#的数据类型，重点介绍了值类型的使用、不同数据类型之间的转换；分别解释了常量和变量的概念；介绍了运算符和表达式的使用，以及运算符的分类和优先级。本章主要学习 C#程序设计的基础知识，掌握构成程序语句的基本要素。

习题

1. 填空题

（1）如果整型（int）变量 x 的初始值为 5，则执行表达式 x-=3 之后，x 的值为________。

（2）存储字符型变量应当用关键字________来声明。

（3）常量通过关键字________进行声明。

（4）布尔型变量可以赋值为关键字________或________。

2. 选择题

（1）在 C#中，下列能够作为变量名的是____。

A. if　　B. 3ab　　C. a_3b　　D. a-bc

（2）在 C#中，下面的运算符中优先级最高的是____。

A. %　　B. ++　　C. /=　　D. >>

（3）在 C#中无须编写任何代码就能将 int 型数值转换成 double 型数值，称为____。

A. 强制类型转换　　B. 自动类型转换　　C. 数据类型变换　　D. 变换

（4）能正确表示逻辑关系“a≥10 或 a≤0”的 C#表达式是____。

A. a>=10 or a<=0　　B. a>=10|a=0

C. a>=10&&a<=0　　D. a>=10||a<=0

3. 程序分析题

以下程序的输出结果是________。

```
using System;
namespace Calculate
{
  class Calculate
  {
    static void Main(string[] args)
    {
      int a = 5, b = 4, c=6, d;
      Console.WriteLine("d={0}", a>b?(a+c):(a*c));
    }
  }
}
```

4. 程序设计题

（1）编写一个控制台应用程序，从键盘上输入3个数，输出这3个数的积以及它们的和。

（2）编写一个控制台应用程序，求圆的周长和面积，从键盘上输入一个数，输出以该数为半径的圆的周长和面积。

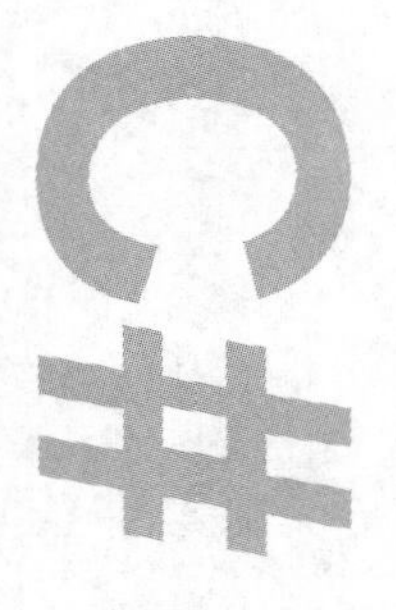

3 Chapter

第 3 章

流程控制语句

本章学习目标

本章主要讲解结构化程序的三种基本结构和程序执行流程中使用的控制语句（包括条件语句和循环语句）。通过本章，读者应该掌握以下内容：

1. if 和 switch 条件语句的作用及使用
2. while、do-while 和 for 循环语句的作用及使用
3. continue 和 break 语句的作用及使用

3.1 程序的三种基本结构

程序的三种基本结构分别是顺序结构、分支结构和循环结构。在 C#中，分支结构使用条件语句实现，循环结构使用循环语句实现。

3.1.1 顺序结构

顺序结构是指程序执行流程按语句顺序依次执行，不发生转移的程序结构。如图 3-1 所示的顺序结构流程图中，先执行 S1 程序段，再执行 S2 程序段。第 2 章的程序基本上都是顺序结构。

3.1.2 分支结构

分支结构体现了程序的判断能力，即在程序执行中能根据某些条件是否成立，从若干条语句或语句组中选择一条或一组来执行。分支结构有两路分支结构和多路分支结构，两路分支结构可用 if 语句实现，多路分支结构可用嵌套的 if 语句和 switch 语句实现。

1. 两路分支结构

在两种可能的操作中按条件选取一个操作来执行的结构称为两路分支结构。如图 3-2 所示，当条件 B 成立（为“真”）时，执行 S1 程序段，否则执行 S2 程序段。

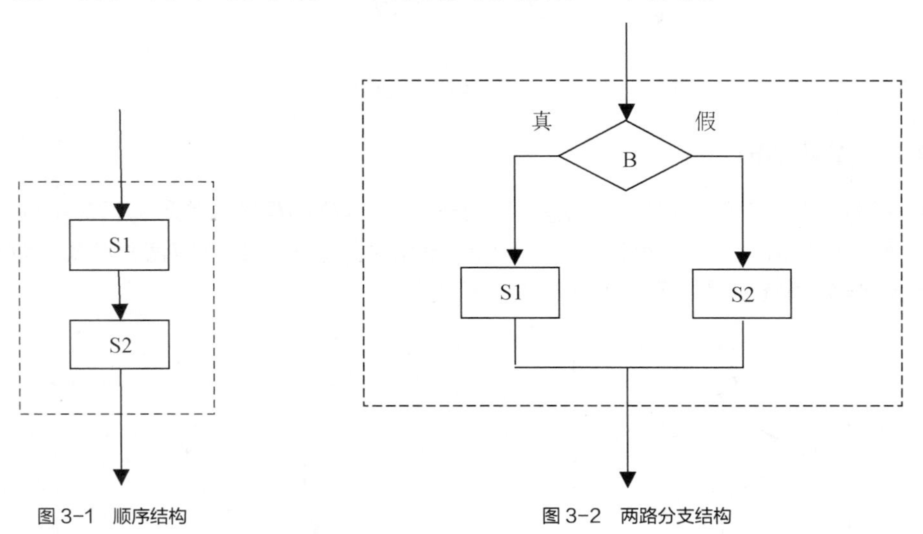

图 3-1　顺序结构　　图 3-2　两路分支结构

2. 多路分支结构

在多种可能的操作中按条件选取一个操作来执行的结构称为多路分支结构。如图 3-3 所示，依次判断条件 Bi 是否成立，当 Bi 成立时，就执行相应的 Si 程序段；当所有条件都不成立时，就执行 Sn+1 程序段。

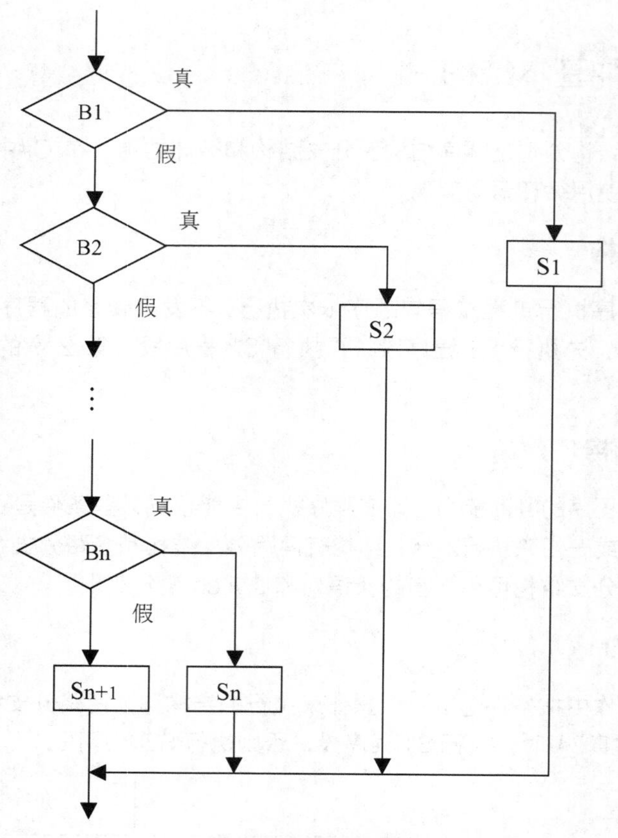

图 3-3 多路分支结构

3.1.3 循环结构

在程序设计中，某些程序段需要重复执行若干次，这样的程序结构称为循环结构。C#中的循环结构语句包括 while、do…while、for 和 foreach 语句。循环结构有两种形式，即当型循环结构（见图 3-4）和直到型循环结构（见图 3-5）。

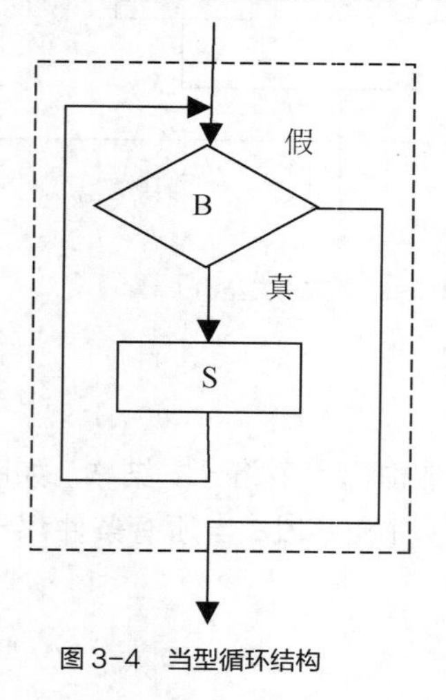

图 3-4 当型循环结构

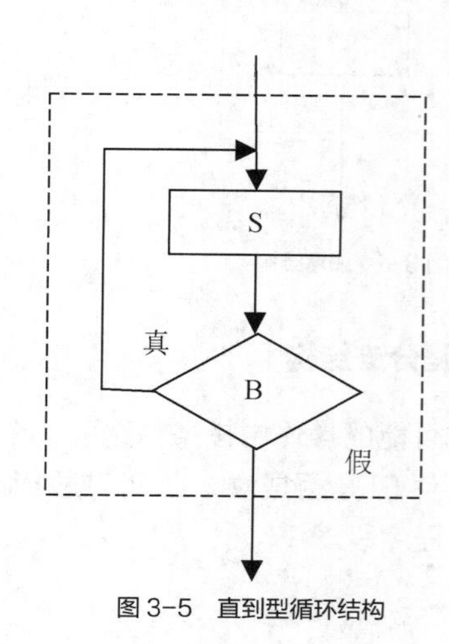

图 3-5 直到型循环结构

1. 当型循环结构

当型循环结构是当条件成立时重复执行一个操作直到条件不成立为止的结构。在图 3-4 的流程图中，当条件 B 成立（为“真”）时，重复执行 S 程序段，直到条件 B 不成立（为“假”）时才停止执行 S 程序段，转而执行其他程序段。

2. 直到型循环结构

直到型循环结构指重复执行一个操作，直到条件不成立为止的结构。在图 3-5 中，先执行 S 程序段，再判断条件 B 是否成立，若条件 B 成立（为“真”），再执行 S 程序段，如此重复，直到条件 B 不成立（为“假”）时才停止执行 S 程序段，转而执行其他程序段。

3.2 if 语句

if 语句是最常用的条件语句。它在条件成立时执行一些指定的操作，而在条件不成立时执行另外一些操作。if 语句有 3 种形式：if、if…else…和 if…else if…，分别实现单分支、双分支和多分支选择结构。

1. 用 if 语句实现单分支选择结构

在 C#中，用 if 语句实现单分支选择结构的语句格式如下：

```
if(表达式)
{
     语句块
}
```

功能：首先计算表达式的值，当表达式的值为 true 时，执行后面的语句，否则不执行，如图 3-6 所示。

说明：

（1）表达式通常表示条件，应为一个布尔值。

（2）表达式必须用“( )”括起来且括号不能省略。

（3）语句只能是单个语句或复合语句，如果是复合语句，应用“{”和“}”把它们括起来，使之成为语句块。如果没有使用花括号，if 的有效范围将为表达式后的第一条语句。

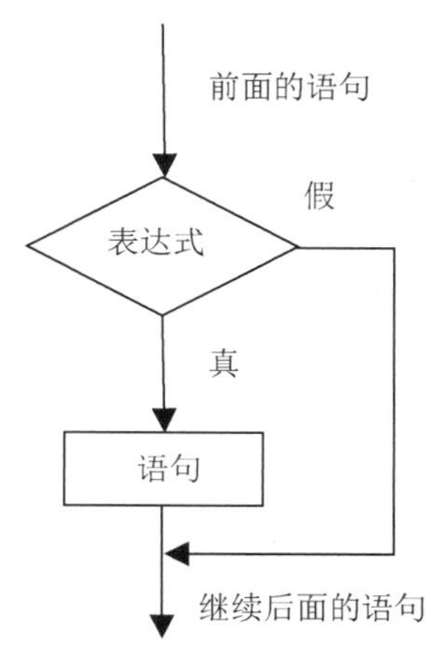

图 3-6　if 语句的单分支执行过程

【例 3-1】输入两个整数 a 和 b，输出其中较大的一个数。

程序流程图如图 3-7 所示。

代码如下：

```
//Ch03_01.cs
using System;
```

```
using System.Collections.Generic;
using System.Linq;
using System.Text;
using System.Threading.Tasks;
namespace Ch03_01
{
  class Program
  {
    static void Main(string[] args)
    {
      int a, b, max;
      Console.Write("input a: ");
      a = Convert.ToInt32(Console.ReadLine());
      Console.Write("input b: ");
      b = Convert.ToInt32(Console.ReadLine());
      max = a;
      if (b > max)
        max = b;
      Console.WriteLine("Max(a,b): " + max);
    }
  }
}
```

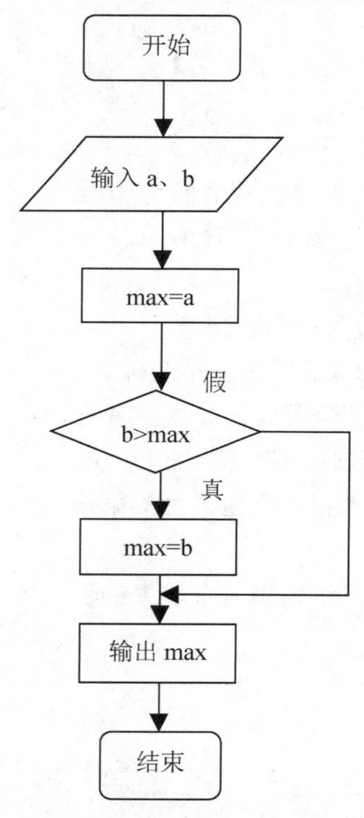

图 3-7　求最大数的单分支流程图

程序执行结果如下：

```
input a: 3
input b: 5
Max(a,b): 5
```

2. 用 if 语句实现双分支选择结构

在 C#中，用 if 语句实现双分支选择结构的语句格式如下：

```
if (布尔表达式)
{
    语句块 1
}
else
{
    语句块 2
}
```

功能：当布尔表达式的值为 true 时，执行语句块 1，否则执行语句块 2，如图 3-8 所示。

【例 3-2】 输入两个整数 a 和 b，输出其中较大的一个数。

程序流程图如图 3-9 所示。

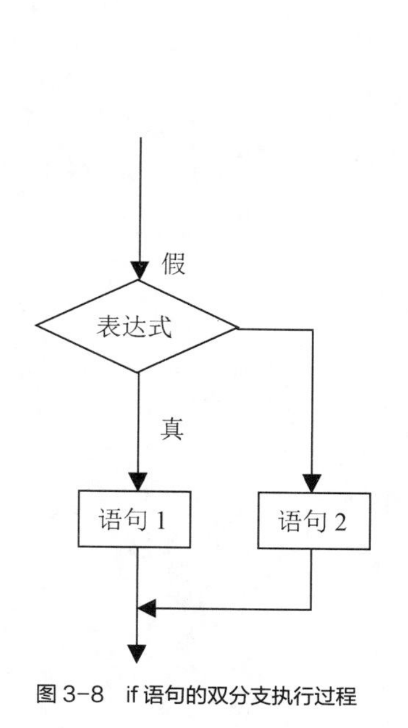

图 3-8　if 语句的双分支执行过程

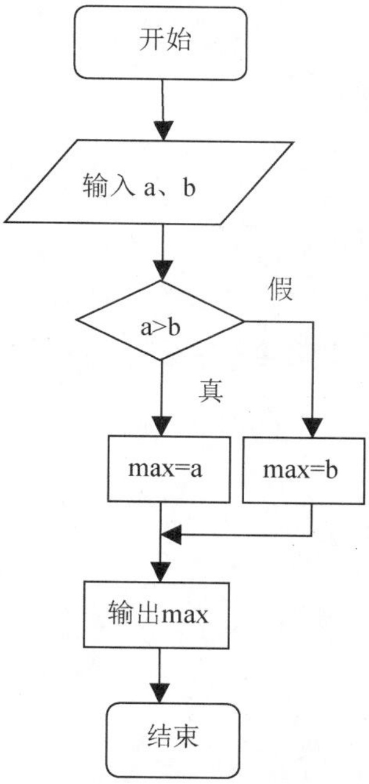

图 3-9　求最大数的双分支流程图

代码如下：

```
// Ch03_02.cs
using System;
```

```
using System.Collections.Generic;
using System.Linq;
using System.Text;
using System.Threading.Tasks;
namespace Ch03_02
{
  class Program
  {
    static void Main(string[] args)
    {
      int a, b, max;
      Console.Write("input a: ");
      a = Convert.ToInt32(Console.ReadLine());
      Console.Write("input b: ");
      b = Convert.ToInt32(Console.ReadLine());
      if (a > b)
        max = a;
      else
        max = b;
      Console.WriteLine("Max(a,b): " + max);
    }
  }
}
```

程序执行结果如下：

```
input a: 3
input b: 5
Max(a,b): 5
```

3. 用 if 语句实现多分支选择结构

在 C#中，用 if 语句实现多分支选择结构的语句格式如下：

```
if (布尔表达式 1)
{      语句块 1  }
else  if (布尔表达式 2)
{      语句块 2  }
......
else if (布尔表达式 n-1)
{      语句块 n-1 }
else
{      语句块 n    }
```

功能：首先判断布尔表达式 1 的值是否为 true，如果为 true，就执行语句块 1，如果为 false，则继续判断布尔表达式 2 的值是否为 true；如果布尔表达式 2 的值为 true，就执行语句块 2，否则继续判断布尔表达式 3 的值，……依次类推，直到找到一个布尔表达式的值为 true 并执行其后的语句块；如果所有表达式的值都为 false，则执行 else 后面的语句块 n。

【例 3-3】 有下列分段函数：

$$y=\begin{cases}x+1, x<0\\ x^2-5, 0\leqslant x<0\\ x^3, x\geqslant 10\end{cases}$$

编写程序，输入 x，输出 y 的值。

程序流程图如图 3-10 所示。

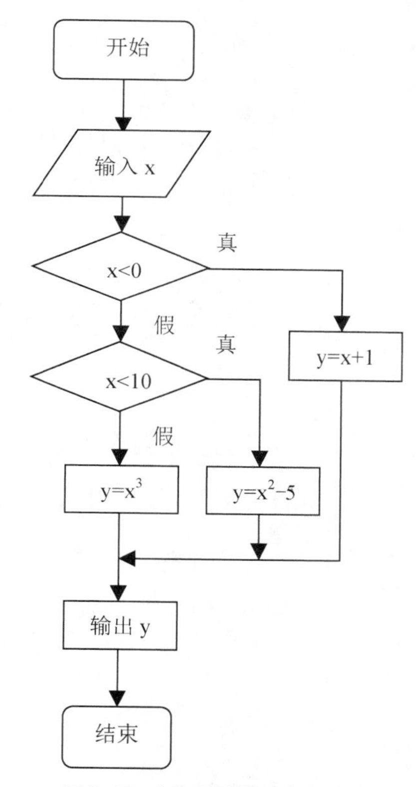

图 3-10　分段函数的多分支流程图

代码如下：

```
// Ch03_03.cs
using System;
using System.Collections.Generic;
using System.Linq;
using System.Text;
using System.Threading.Tasks;
namespace Ch03_03
{
  class Program
  {
```

```
    static void Main(string[] args)
    {
      float x, y;
      Console.Write("Input x: ");
      x = Convert.ToSingle(Console.ReadLine());
      if (x < 0)
        y = x + 1;
      else if (x < 10)
        y = x * x - 5;
      else
        y = x * x * x;
      Console.WriteLine("y=" + y);
    }
  }
}
```

程序执行结果如下：

```
Input x: 3
y=4
```

4. if 语句的嵌套

在 if 语句中又包含一个或多个 if 语句，称为 if 语句的嵌套。其一般格式为：

```
if (布尔表达式 1)
       if (布尔表达式 2)
       {     语句块 1    }
       else
       {     语句块 2    }
else
       if (布尔表达式 3)
       {     语句块 3    }
       else
       {     语句块 4        }
```

【例 3-4】 有下列分段函数：

$$y=\begin{cases}x+1, x<0\\ x^2-5, 0\leqslant x<0\\ x^3, x\geqslant 10\end{cases}$$

编写程序，输入 x，输出 y 的值。
程序流程图如图 3-11 所示。

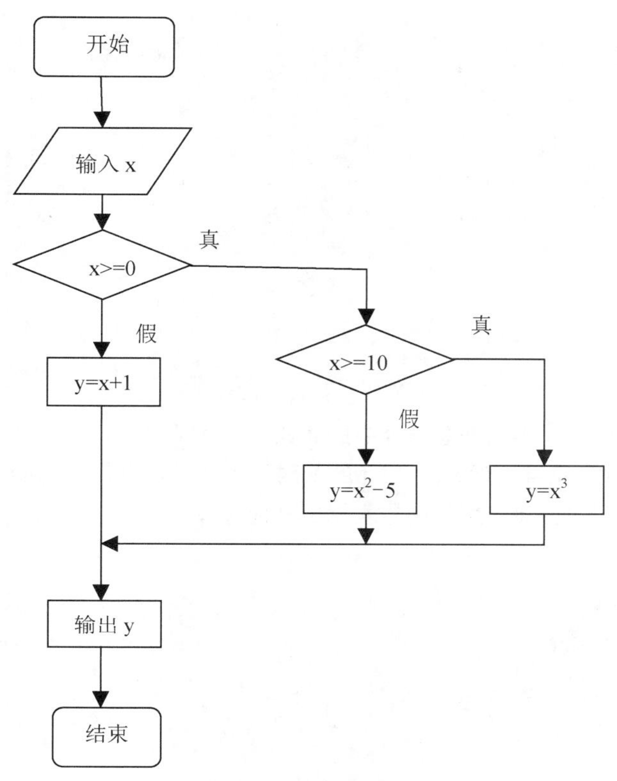

图 3-11　用 if 嵌套实现的分段函数流程图

代码如下：

```
// Ch03_04.cs
using System;
using System.Collections.Generic;
using System.Linq;
using System.Text;
using System.Threading.Tasks;
namespace Ch03_04
{
  class Program
  {
    static void Main(string[] args)
    {
      float x, y;
      Console.Write("Input x: ");
      x = Convert.ToSingle(Console.ReadLine());
      if(x >= 0)
        if(x >= 10)
          y = x * x * x;
        else
```

```
            y = x * x - 5;
        else
          y = x + 1;
        Console.WriteLine("y=" + y);
      }
    }
}
```

程序执行结果如下：

```
Input x: -3
y=-2
```

在该程序中，内层的 if 语句嵌套在外层的 if 语句的 if 部分。

if 语句嵌套使用时，应当注意 else 与 if 的配对关系。配对原则是：else 总是与其前面最近的还没有配对的 if 进行配对，除非用花括号表示出其他选择。

例如：

```
if (布尔表达式 1)
    if (布尔表达式 2)
    {     语句块 1     }
    else
    {     语句块 2     }
```

等价于：

```
if (布尔表达式 1 )
{
    if (布尔表达式 2 )
    {     语句块 1     }
    else
    {     语句块 2     }
}
```

如果要改变这种约定，希望 else 与第一个 if 配对，则应该用花括号构成复合语句。

例如：

```
if (布尔表达式 1 )
{
    if (布尔表达式 2 )
    {     语句块 1   }
}
else
    {     语句块 2   }
```

此时，else 与第一个 if 配对。

3.3 switch 语句

在 C#中要实现多分支结构，还可以使用 switch 语句。switch 语句的格式如下。

```
switch(表达式)
{
  case  常量表达式 1: 语句 1;
          [break;]
  case  常量表达式 2: 语句 2;
          [break;]
......
  case  常量表达式 n: 语句 n;
          [break;]
  [default: 语句 n+1;[break;]]
}
```

功能：首先计算表达式的值，然后依次与 case 后的常量表达式 1、常量表达式 2、……常量表达式 n 进行比较，若与某个常量表达式值相等，就执行此 case 后面的语句，直到碰上 break 或者 switch 语句结束。break 语句的作用是中断当前的匹配过程跳出 switch 语句；如果没有 break 语句，则匹配的过程会一直持续到整个 switch 语句结束。若表达式的值与所有常量表达式的值都不相同，则执行 default 后面的“语句 n+1”，执行后退出 switch 语句。

说明：

（1）条件表达式与常量表达式只能是整数类型、字符类型或枚举类型。

（2）每个 case 后面的常量表达式的值必须互不相同，从而保证分支选择的唯一性。

（3）case 后面可以有多个语句，程序自动顺序执行，也可以没有任何语句。

（4）default 语句总是放在最后，也可以缺省。若 default 语句缺省，且 switch 后面的表达式值与任一常量表达式都不相等，将不执行任何语句，直接退出 switch 语句。

（5）从 switch 语句的执行过程可知，任何 switch 语句均可用 if 条件语句来实现，但并不是任何 if 条件语句均可用 switch 语句来实现，这是由于 switch 语句限定了表达式的取值类型，而且 switch 语句只能做“值是否相等”的判断，不能在 case 语句中使用条件。

【例 3-5】 输入 0~6 的整数，将其转换成对应的星期几。

程序如下：

```
// Ch03_05.cs
using System;
using System.Collections.Generic;
using System.Linq;
using System.Text;
using System.Threading.Tasks;
namespace Ch03_05
{
  class Program
```

```
{
  static void Main(string[] args)
  {
    int day;
    Console.Write("Input an integer(0-6): ");
    day = Convert.ToInt32(Console.ReadLine());
    switch (day)
    {
      case 0:
        Console.WriteLine("Today is Sunday.");
        break;
      case 1:
        Console.WriteLine("Today is Monday.");
        break;
      case 2:
        Console.WriteLine("Today is Tuesday.");
        break;
      case 3:
        Console.WriteLine("Today is Wednesday.");
        break;
      case 4:
        Console.WriteLine("Today is Thursday.");
        break;
      case 5:
        Console.WriteLine("Today is Friday.");
        break;
      case 6:
        Console.WriteLine("Today is Saturday.");
        break;
      default:
        Console.WriteLine("Input data error.");
        break;
    }
  }
}
}
```

程序执行结果如下：

```
Input an integer(0-6): 5
Today is Friday
```

3.4 while 语句

while 语句实现的是当型循环，该类循环先测试循环条件再执行循环体。while 语句的格式如下：

```
while (布尔表达式)
{
    语句块;
}
```

功能：首先计算布尔表达式的值，为 true 时执行循环体中的语句块；然后继续计算布尔表达式的值，再执行循环，直到表达式值为 false 时结束循环，执行循环后面的语句。其特点是“先判断，后执行”，如图 3-12 所示。

说明：

（1）循环条件表达式一般为关系表达式或逻辑表达式，必须用“( )”括起来。

（2）语句块称为循环体，可以是单个语句或复合语句，复合语句应该用花括号括起来。

（3）通常进入循环时，括号内部的表达式值为 true，但循环最终都要退出，因此在循环体中应有使循环趋于结束的语句，即能够使表达式的值由 true 变为 false，否则会形成“死循环”。

（4）由于是先判断条件，也许第一次执行时，表达式的值就为 false，在这种情况下循环体将一次也不执行。

【例 3-6】 用 while 语句求累加和：S=1+2+3+4+…+n。

程序流程图如图 3-13 所示。

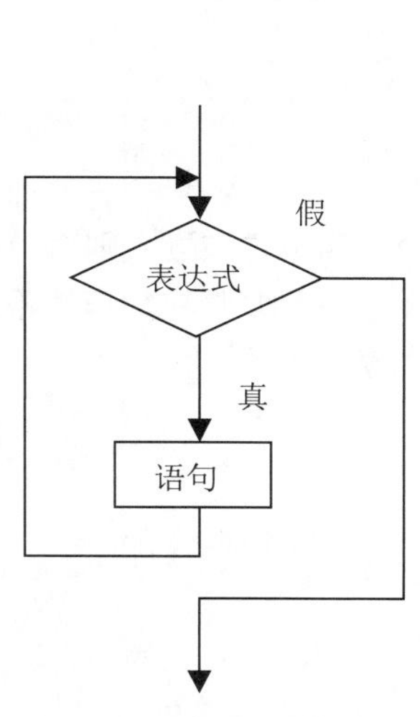

图 3-12 while 语句控制流程

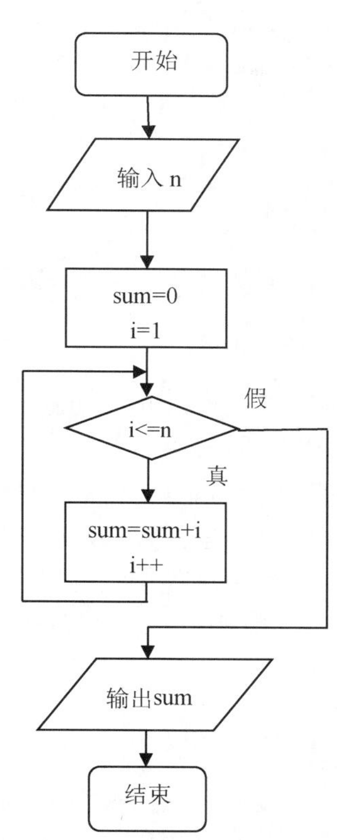

图 3-13 用 while 语句求累加和流程图

代码如下：

```
// Ch03_06.cs
using System;
using System.Collections.Generic;
using System.Linq;
using System.Text;
using System.Threading.Tasks;
namespace Ch03_06
{
  class Program
  {
    static void Main(string[] args)
    {
      int i, n, sum;
      Console.Write("Input an integer (n):");
      n = Convert.ToInt32(Console.ReadLine());
      sum = 0;
      i = 1;
      while (i <= n)
      {
        sum = sum + i;
        i++;
      }
      Console.WriteLine("sum(1~n) = " + sum);
    }
  }
}
```

程序执行结果如下：

```
Input an integer (n):100
sum(1~n) = 5050
```

【例 3-6】中的 while 语句是先判断表达式 i≤n 是否成立，若条件成立，则将 sum 加 i 后赋给 sum 及 i 自增 1；若条件不成立，则不执行语句，退出循环。在循环体中应有能不断修改循环条件的语句，最终使循环结束，如 i++;语句，使 i 不断加 1，直到大于 n 为止。

【例 3-7】 用 while 语句计算 2^n。

代码如下：

```
// Ch03_07.cs
using System;
using System.Collections.Generic;
using System.Linq;
using System.Text;
using System.Threading.Tasks;
```

```
namespace Ch03_07
{
  class Program
  {
    static void Main(string[] args)
    {
      int i, n, result;
      Console.Write("Input an integer (n):");
      n = Convert.ToInt32(Console.ReadLine());
      result = 1;
      i = 1;
      while (i <= n)
      {
        result = result * 2;
        i++;
      }
      Console.WriteLine("Power(2^n) = " + result);
    }
  }
}
```

程序执行结果如下：

```
Input an integer (n):4
Power(2^n) = 16
```

3.5 do…while 语句

do…while 语句实现的是直到型循环，该类循环先执行循环体再测试循环条件。do…while 语句的格式如下：

```
do
{
    语句块
}
while  (布尔表达式);
```

功能：首先执行循环体内的语句，再对 while 后面的布尔表达式进行判断，如果表达式的值为 true，再执行循环体内的语句……如此循环，直到表达式的值为 false 时结束循环，执行循环后面的语句。其特点是“先执行，后判断”，如图 3-14 所示。

说明：

（1）循环条件表达式一般为关系表达式或逻辑表达式，必须用“( )”括起来。

（2）语句块称为循环体，可以是单个语句或复合语句，复合语句应该用花括号括起来。

（3）do…while 语句以分号结束。

（4）执行 do…while 语句时，无论一开始表达式的值是 true 还是 false，循环体内的语句至少执行一次。

【例 3-8】 用 do…while 语句求累加和：S=1+2+3+4+…+n。

程序流程图如图 3-15 所示。

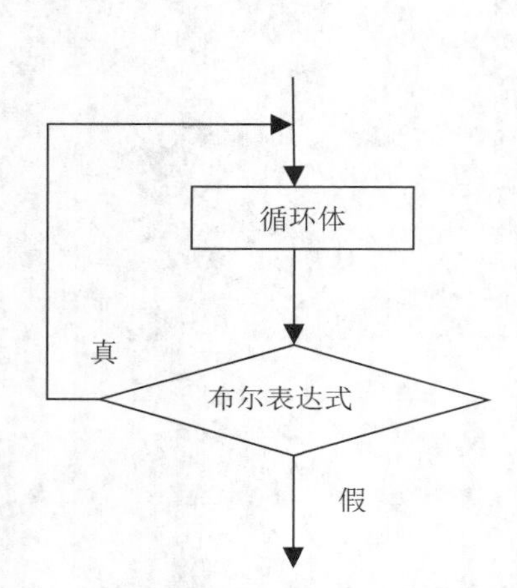

图 3-14 do…while 语句控制流程

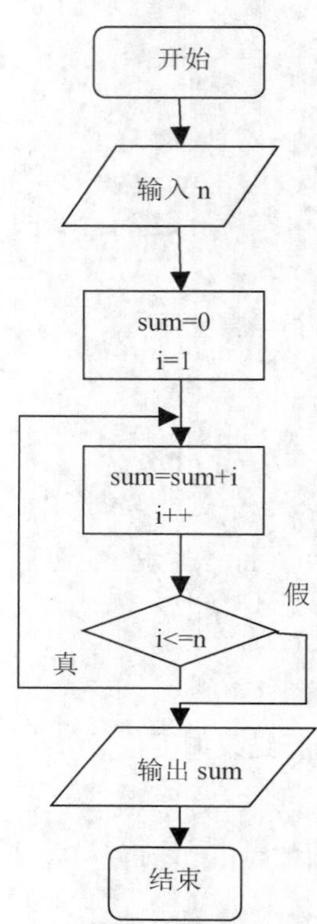

图 3-15 用 do…while 语句求累加和流程图

代码如下：

```
// Ch03_08.cs
using System;
using System.Collections.Generic;
using System.Linq;
using System.Text;
using System.Threading.Tasks;
namespace Ch03_08
{
  class Program
  {
    static void Main(string[] args)
    {
      int i, n, sum;
      Console.Write("Input an integer (n):");
      n = Convert.ToInt32(Console.ReadLine());
      sum = 0;
```

```
        i = 1;
        do
        {
          sum = sum + i;
          i++;
        } while (i <= n);
        Console.WriteLine("sum(1~n) = " + sum);
      }
    }
}
```

程序执行结果如下：

```
Input an integer (n):100
sum(1~n) = 5050
```

【例 3-8】中的 do…while 语句是先执行 sum=sum+i;和 i++;语句，后判断表达式 i≤n 是否成立。若条件成立，则继续执行循环体；若条件不成立，则不执行语句，退出循环。即使表达式的值一开始就不成立，语句也要执行一次，例如输入 n 为 0，i≤n 不成立，但语句 sum=sum+i;和 i++;也要执行一次。

3.6 for 语句

在循环次数已知的情况下，用 for 语句来实现循环比较容易，故 for 语句也称计数循环语句。for 语句将循环变量初始化、循环条件以及循环变量的改变放在同一行语句中。for 循环语句的格式如下：

```
for (表达式 1;表达式 2;表达式 3)
{
    语句块
}
```

执行过程如图 3-16 所示。

① 计算表达式 1 的值；

② 计算表达式 2 的值，若表达式 2 的值为 true，则转到③；若表达式 2 的值为 false，则结束循环；

③ 执行循环体语句；

④ 计算表达式 3 的值，返回②继续执行。

for 语句的执行流程如图 3-17 所示。

for 语句可以和下列 while 语句等效：

```
表达式 1;
while (表达式 2)
{
    语句块
```

```
        表达式 3;
    }
```

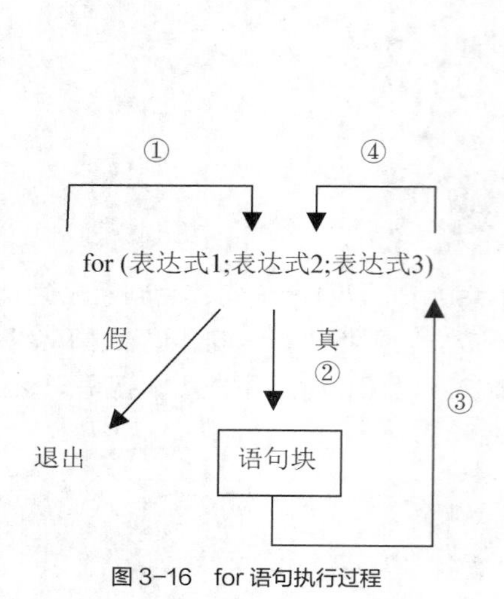

图 3-16　for 语句执行过程

表达式 1
布尔表达式 2
假
真
循环体
表达式 3

图 3-17　for 语句执行流程

说明：

（1）表达式 1 称为循环初始化表达式，通常为赋值表达式，即为循环变量赋初值。

（2）表达式 2 称为循环条件表达式，通常为关系表达式或逻辑表达式，为循环结束条件。

（3）表达式 3 称为循环变量表达式，通常为赋值表达式，用于改变循环变量的值。

（4）语句块部分为循环体，可以是单个语句或复合语句。

【例 3-9】 用 for 语句求累加和：S=1+2+3+4+⋯+n。

代码如下：

```
// Ch03_09.cs
using System;
using System.Collections.Generic;
using System.Linq;
using System.Text;
using System.Threading.Tasks;
namespace Ch03_09
{
  class Program
  {
    static void Main(string[] args)
    {
      int i, n, sum;
```

```
        Console.Write("Input an integer (n):");
        n = Convert.ToInt32(Console.ReadLine());
        sum = 0;
        for (i = 1; i <= n; i++)
        {
          sum += i;
        }
        Console.WriteLine("sum(1~n) = " + sum);
      }
    }
  }
```

程序执行结果如下：

```
Input an integer (n):100
sum(1~n) = 5050
```

【例 3-9】中，表达式 1 即 i=1 完成对循环变量 i 的初始化赋值，使 i 的初值为 1；表达式 2 即 i<=n 判断循环变量 i 的值是否小于或等于 n，若不成立则结束循环，若成立则执行 sum=sum+i; 语句，再执行表达式 3：i++，使循环变量 i 加 1，之后转表达式 2 继续判断 i<=n 是否成立。

需要注意以下几点。

（1）for 语句中的三个表达式都可省略，但其中的两个分号不能省略。

（2）若表达式 1 省略，则应在 for 语句之前给循环变量赋初值。例如：

```
i=1;
for (;i<=n;i++)
     sum=sum+i;
```

（3）若表达式 2 省略，则不判断循环条件，循环将无休止地进行下去，形成"死循环"，即表达式 2 始终为真，因此通常不能省略表达式 2（如果省略，循环体内应有 if 语句可以跳出循环）。

（4）若表达式 3 省略，则在循环体中应有不断修改循环条件的语句。例如：

```
for (i=1;i<=n;)
{
     sum=sum+i;
     i++;
}
```

（5）若省略表达式 1 和表达式 3，只有表达式 2，即只给出循环条件。例如：

```
i=1;
for (;i<=n;)
 {
     sum=sum+i;
     i++;
 }
```

此时，for 语句和 while 语句完全相同。上述语句相当于：

```
i=1;
while (i<=n)
{
    sum=sum+i;
    i++;
}
```

（6）表达式 1 和表达式 3 可以是一个简单表达式，也可以是其他表达式，当然也可以是逗号表达式，即用逗号“,”隔开的多个简单表达式，运算顺序从左到右顺序进行。

例如：

```
for (sum=0,i=1;i<=n;i++)  sum=sum+i;
```

由此可见，用 for 语句比用 while 语句更简洁。

【例 3-10】 6 能被 1、2、3、6 整除，这些数称为 6 的因子。请用 for 循环列出 36 的所有因子。

代码如下：

```
// Ch03_10.cs
using System;
using System.Collections.Generic;
using System.Linq;
using System.Text;
using System.Threading.Tasks;
namespace Ch03_10
{
  class Program
  {
    static void Main(string[] args)
    {
      int n = 36;
      Console.Write("{0}的因子: ", n);
      for (int i = 1; i <= n; i++)
      {
        if (n % i == 0)
          Console.Write(i + " ");
      }
      Console.WriteLine();
    }
  }
}
```

程序执行结果如下：

```
36 的因子 : 1 2 3 4 6 9 12 18 36
```

【例 3-11】 6 能被 1、2、3、6 整除，这些数称为 6 的因子。请用 for 循环列出 36 的所有因子，并且把这些因子 3 个一行输出。

代码如下：

```
// Ch03_11.cs
using System;
using System.Collections.Generic;
using System.Linq;
using System.Text;
using System.Threading.Tasks;
namespace Ch03_11
{
  class Program
  {
    static void Main(string[] args)
    {
      int n = 36;
      int j = 0;//j 用来统计因子个数
      Console.WriteLine("{0}的因子: ", n);
      for (int i = 1; i <= n; i++)
      {
        if (n % i == 0)
        {
          j++;
          Console.Write(i + " ");
          if (j % 3 == 0) Console.WriteLine();
        }
      }
      Console.Read();
    }
  }
}
```

程序执行结果如下：

```
36 的因子:
1 2 3
4 6 9
12 18 36
```

【例 3-12】 请用 for 循环列出字母 A~Z，并且把这些字母 5 个一行输出。

代码如下：

```
// Ch03_12.cs
using System;
using System.Collections.Generic;
```

```
using System.Linq;
using System.Text;
using System.Threading.Tasks;
namespace Ch03_12
{
  class Program
  {
    static void Main(string[] args)
    {
      int j = 0,n=0;//用来统计5的倍数
      for (int i = 65; i <= 90; i++)//方法1
      {
        Console.Write((char)i + " ");
        j++;
        if (j % 5 == 0) Console.WriteLine();
      }
      Console.WriteLine();
      for (char k = 'A'; k <= 'Z'; k++)//方法2
      {
        Console.Write(k + " ");
        n++;
        if (n % 5 == 0) Console.WriteLine();
      }
      Console.Read();
    }
  }
}
```

程序执行结果如下：

```
A B C D E
F G H I J
K L M N O
P Q R S T
U V W X Y
Z
A B C D E
F G H I J
K L M N O
P Q R S T
U V W X Y
Z
```

这里对三种循环语句进行比较，分析如下。

（1）while 语句与 for 语句为先判断后执行（当型：可能一次也不执行循环体），do…while 语句为先执行后判断（直到型：至少执行一次循环体）。

（2）三种语句都是循环条件为真时执行循环体，为假时结束循环。

（3）在循环体至少执行一次的情况下，三种循环语句构成的循环结构可以相互转换。

实际上，用得最多的是 for 语句，其次是 while 语句，do…while 语句相对于前两种语句用得较少。

循环语句中又包含有循环语句的结构称为循环语句的嵌套。循环语句的嵌套又称多重循环。当一个循环语句的循环体中只含一层循环语句时，称为双重循环；若第二层循环语句的循环体中还包含有一层循环语句，称为三重循环。三种循环语句之间可以互相嵌套。

【例 3-13】 编写程序，打印输出九九乘法表。

代码如下：

```
// Ch03_13.cs
using System;
using System.Collections.Generic;
using System.Linq;
using System.Text;
using System.Threading.Tasks;
namespace Ch03_13
{
  class Program
  {
    static void Main(string[] args)
    {
      int n, i, j;
      Console.WriteLine("                                  乘法表\n");
      for (i = 1; i <= 9; i++)
      {
        for (j = 1; j <= i; j++)
        {
          n = i * j;                                         //计算乘法值
          //Console.Write("{0}*{1}={2,3}  ", i, j, n); //格式化输出
          Console.Write(i+"*"+j+"="+((i*j<10)?" ":"")+i*j+"  ");
        }
        Console.WriteLine();
      }
      Console.Read();
    }
  }
}
```

程序执行结果如下：

```
            乘法表
1*1= 1
2*1= 2  2*2= 4
3*1= 3  3*2= 6  3*3= 9
4*1= 4  4*2= 8  4*3=12  4*4=16
5*1= 5  5*2=10  5*3=15  5*4=20  5*5=25
6*1= 6  6*2=12  6*3=18  6*4=24  6*5=30  6*6=36
7*1= 7  7*2=14  7*3=21  7*4=28  7*5=35  7*6=42  7*7=49
8*1= 8  8*2=16  8*3=24  8*4=32  8*5=40  8*6=48  8*7=56  8*8=64
9*1= 9  9*2=18  9*3=27  9*4=36  9*5=45  9*6=54  9*7=63  9*8=72  9*9=81
```

【例 3-14】 有一个 3 位数的密码箱（每位数的范围为 0~6），请用程序输出所有可能的密码。

代码如下：

```
// Ch03_14.cs
using System;
using System.Collections.Generic;
using System.Linq;
using System.Text;
using System.Threading.Tasks;
namespace Ch03_14
{
  class Program
  {
    static void Main(string[] args)
    {
      Console.WriteLine("        所有可能的密码\n");
      for (int i = 0; i <= 6; i++)
      {
        for (int j = 0; j <= 6; j++)
        {
          for (int k = 0; k <= 6; k++)Console.Write(""+i + j + k+" ");
          Console.WriteLine();
        }
      }
      Console.Read();
    }
  }
}
```

输出结果略。

【例 3-15】 输出一个字符串的所有子串（子串不包括字符串本身和空字符串）。例如，字符串"abc"的所有子串："a"，"b"，"c"，"ab"，"bc"。字符串"abcd"的所有子串："a"，"b"，"c"，"d"，"ab"，"bc"，"cd"，"abc"，"bcd"。程序分析见图 3-18。

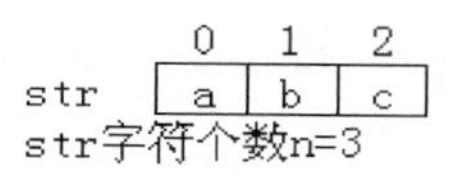

子串长度i	子串	子串首字母下标j
1	a	0
	b	1
	c	2
2	ab	0
	bc	1

子串首字母下标j从0开始，下标最大值+子串长度(i)之和=3

①

0 1 2 3
str a b c d
str字符个数n=4

子串长度i	子串	子串首字母下标j
1	a	0
	b	1
	c	2
	d	3
2	ab	0
	bc	1
	cd	2
3	abc	0
	bcd	1

子串首字母下标j从0开始，下标最大值+子串长度(i)之和=4

②

str字符个数n

子串长度i	子串	子串首字母下标j
1	a	0
	b	1
	…	…
	…	n-1
2	ab	0
	…	…
	…	n-2
…	…	…
n-1	ab…	0
	b...	1

子串首字母下标j从0开始，下标最大值+子串长度(i)之和=n

③

图3-18 求子串分析

代码如下：

```
// Ch03_15.cs
using System;
using System.Collections.Generic;
using System.Linq;
using System.Text;
using System.Threading.Tasks;
namespace Ch03_15
{
  class Program
  {
    static void Main(string[] args)
    {
      string s = Console.ReadLine();
      // i是子串的字符个数，从图3-18可知，字符个数i的范围为1～n-1
      for (int i = 1; i < s.Length; i++)
        for (int j = 0; j <= s.Length - i; j++) //j用来表示子串首字母下标，从
                                                 //图3-18可知,j的范围为0～n-i
        {
          Console.WriteLine(s.Substring(j, i));
```

```
                                          //输出从下标 j 开始、字符个数为 i 的子串
            }
        Console.Read();
        }
    }
}
```

运行程序，输入字符串"abcd"后回车。输出结果为：

```
a
b
c
d
ab
bc
cd
abc
bcd
```

3.7 break 和 continue 语句

在循环执行过程中，若希望循环强制结束，可使用 break 语句；若希望本次循环结束并开始下一次循环，可使用 continue 语句。有了 break 和 continue 语句，就能很灵活地操作循环了。

1. break 语句

break 语句在前面学习 switch 语句时已经用过，它还可以用于从程序的循环语句中跳出。在执行循环时，有时希望在循环体执行到一半时就退出循环，而不是在整个循环体执行完毕，循环条件判断完毕才退出，此时可以使用流程转向语句 break。break 语句的格式如下：

```
break;
```

功能：在循环体中遇到 break 语句后就终止对循环的执行，流程直接跳转到当前循环语句的下一条语句执行。

说明：

（1）break 语句用于终止最内层的 while、do-while、for 和 switch 语句的执行。

（2）一般在循环体中并不直接使用 break 语句。需要从循环中跳出时，break 语句通常都和一个 if 语句配合使用，在循环体中利用 if 语句测试某个条件是否成立，如果条件成立，则执行 break 语句退出循环。

【例 3-16】 判断一个数是否为素数。

所谓素数，是指只能被 1 和其本身整除的数。如果 N 是素数，则它不能被 2~N-1 之间的任何一个数整除。因此可以用 N 依次除以 2~N-1 之间的每一个数，如果有一个数能够整除 N，则 N 不是素数，后面的数也就不用判断了。

代码如下：

```
// Ch03_16.cs
using System;
using System.Collections.Generic;
using System.Linq;
using System.Text;
using System.Threading.Tasks;
namespace Ch03_16
{
  class Program
  {
    static void Main(string[] args)
    {
      int n, i;
      Console.Write("input an integer: ");
      n = Convert.ToInt32(Console.ReadLine());
      for (i = 2; i < n; i++)
      {
        if (n % i == 0)
        {
          break;
        }
      }
      if (i == n)
        Console.WriteLine("{0} is a prime number.", n);
      else
        Console.WriteLine("{0} is not a prime number.", n);
    }
  }
}
```

程序执行结果如下：

```
input an integer: 37
37 is a prime number.
```

【例 3-17】 输出 1~100 之间所有的素数。

以 n=9 来讲解。

① n=9 时，i 的变化范围为 2~8；

② 不能因为 2<=i<=8 区间内某一个值不能整除，就判断 n 是素数（比如 9/2 除不尽，并不能因此判断 9 就是素数），需测试 2<=i&&i<=8 范围内所有的值，如果全部不能整除，才能确定 n 为素数；

③ 若 2<=i<=8 区间内某一个值 x 能够整除，就能确定 n 不是素数，区间其他值不再需要测试。

方法一

经典方法，也是最难理解的一种方法。有不少读者看到代码仍然不能理解算法的思想。这里重点讲解程序设计思想。

```
for(int n=2;n<=100;n++)
{
        int i=2;
        for(;i<=n-1;i++)
        {
                if(n%i==0)break;
        }
        if(i==n) Console.Write(n+" ");
}
```

（1）顺着程序结构讲解。

内层 for 循环 for(;i<=n−1;i++){if(n%i==0)break; }有两种情况可以跳出循环：

① 通过 break 语句跳出循环。如果执行了 break 语句，一定是因为 n%i==0 条件成立。根据之前的分析可知（2<=i<=n−1 区间内某一个值 x 能够整除，就能确定 n 不是素数，区间内其他值不再需要测试），在 for 循环内部，i 的取值范围一定是 2<=i<=n−1，for 循环外的 if(i==n)肯定不成立，因此语句 Console.Write(n+" ");不会执行，即非素数，不输出。

② 不满足条件 i<=n−1 跳出循环。这意味着 for 循环内部的 break 语句没有执行，即条件 n%i==0 在 2<=i<=n−1 区间永不成立，根据素数的定义可知 n 为素数。

```
for(;i<=n-1;i++)
{
        if(n%i==0)break;
}
if(i==n) Console.Write(n+" ");
```

i 从 2 开始，每次加 1，如果不满足条件 i<=n−1 则跳出，跳出 for 循环后 i 的值为 n，即条件 i==n 成立，语句 Console.Write(n+" ");执行，即素数，会输出。

（2）倒着推理。

① n 是素数。如果 n 是素数，在 2<=i<=n−1 区间内，条件 n%i==0 肯定为假，break 语句不可能执行，只能因为不满足条件 i<=n−1 而跳出，跳出循环后 i==n，语句 Console.Write(n+" ");会执行，即素数，会输出。

② n 不是素数。根据素数的定义，如果 n 不是素数，在 2<=i<=n−1 区间内，至少有一个 i 能使 n%i==0 条件成立，break 语句一定会执行，跳出循环后 i 还是在 2<=i<=n−1 区间内，i==n 不可能成立，语句 Console.Write(n+" ");不会执行，即非素数，不输出。

方法二

设置一个标志位变量 flag，标志位为 1 表示 n 为素数。先假设所有的 n 都是素数，因此 flag 的初始值为 1。根据分析①、②、③可知，一旦 n%i==0，就可以说明 n 不是素数，因此 flag 变为 0。

for 循环执行完毕后，如果标志位为 1，说明语句“if(n%i==0)flag=0;”没有执行过，因此条件 n%i==0 在 2<=i<=n−1 区间永不成立，根据素数的定义可知 n 是素数。

```
for(int n=2;n<=100;n++)
{
        int flag=1;
        for(int i=2;i<=n-1;i++)
        {
                if(n%i==0)flag=0;
        }
        if(flag==1) Console.Write(n+" ");
}
```

方法三

最通俗易懂，理解起来也最简单的方法。变量 count 用来记录 n 在 2<=i<=n−1 区间内的因子个数，if(n%i==0)count++;，如果 n%i==0，即 i 是 n 的一个因子，count 的值加 1。

如果 n 是素数，根据素数的定义可知，它在 2<=i<=n−1 区间内的因子个数为 0，即 count==0 成立，语句 Console.Write(n+" ");执行，即素数，会输出。

如果 n 不是素数，根据素数的定义可知，它在 2<=i<=n−1 区间内的因子个数肯定不为 0，即 count==0 不成立，语句 Console.Write(n+" ");不执行，即非素数，不输出。

```
for(int n=2;n<=100;n++)
{
        int count=0;
        for(int i=2;i<=n-1;i++)
        {
                if(n%i==0)count++;
        }
        if(count==0) Console.Write(n+" ");
}
```

2. continue 语句

continue 语句称为接续语句，专用于循环结构中，表示本次循环结束，开始下一次循环。continue 语句的格式如下：

```
continue;
```

功能：在循环体中遇到 continue 语句后停止当前执行的这次循环，即跳过当前循环的剩余语句块，把控制返回到当前循环的顶部，再一次进行循环条件判断，决定是否进入下一次循环。

说明：

（1）与 break 语句不同的是，continue 语句并不是终止整个循环的执行，而是仅仅终止当前这次循环的执行。

（2）一般在循环体中并不直接使用 continue 语句，continue 语句通常都和一个 if 语句配合使用，在循环体中利用 if 语句测试某个条件是否满足，如果条件成立，则执行 continue 语句结束本次循环的执行，进入下一次循环。

（3）在 while 和 do…while 循环中，continue 语句使得程序流程直接跳转到循环条件的判断部分，根据条件判断的结果决定是否进行下一次循环；在 for 循环中，continue 语句使得程序流程直接跳转去执行“表达式 3”，然后再对循环条件“表达式 2”进行判断，根据条件判断的结果决定是否进行下一次循环。

【例 3-18】 求整数 1～100 的累加和，但要求跳过所有个位为 3 的数。

代码如下：

```
// Ch03_18.cs
using System;
using System.Collections.Generic;
using System.Linq;
using System.Text;
using System.Threading.Tasks;
namespace Ch03_18
{
  class Program
  {
    static void Main(string[] args)
    {
      int sum = 0;
      for (int i = 1; i <= 100; i++)
      {
        if (i % 10 == 3)
          continue;
        sum += i;
      }
      Console.WriteLine("sum={0}", sum);
    }
  }
}
```

程序执行结果如下：

```
sum=4570
```

本章小结

本章详细介绍了分支结构和循环结构，重点是掌握基本的分支语句与循环语句的编写，以及如何在程序中编写条件表达式。

习题

1. 程序分析题

（1）指出以下程序的功能，并写出输出结果________。

```
using System;
using System.Collections.Generic;
using System.Text;
namespace OddCount
{
  class OddCount
  {
    static void Main(string[] args)
    {
      int sum = 0, count;
      for (count = 1; count < 100; count++)
      {
        if (count % 2 == 1)
          sum += count;
      }
      Console.WriteLine("the sum of odd(1-99) : {0}", sum);
    }
  }
}
```

（2）下面程序代码的功能是计算2.5的3次方，请将程序中空出的部分补全，使程序能正确输出结果。

```
using System;
using System.Collections.Generic;
using System.Text;
namespace Power
{
  class Power
  {
    static void Main(string[] args)
    {
      double x = 2.5, y = 1;
      int n = 3;
      for (int i = 1; ________; i++)
        ________
      Console.WriteLine("{0}^{1}={2}", x, n, y);
    }
  }
}
```

2. 程序设计题

（1）输入一个整数，编写程序通过 if…else…语句判断该数是偶数还是奇数 。

（2）输入一个字符，编写程序判断其是否为小写字母。如果是，请输出“您输入的字符是小写字母” 。

（3）输入某学生成绩，根据成绩的情况输出相应的评语。成绩在 90 分以上，输出评语“优秀”；成绩在 70～90 分之间，输出评语“良好”；成绩在 60～70 分之间，输出评语“合格”；成绩在 60 分以下，输出评语“不合格”。

（4）求 100 以内的所有素数。

（5）计算 1!+2!+3!+4!+…+n!的值，n 从键盘输入。

（6）一个数如果恰好等于除自身之外的各个因子之和，则称该数为完数。例如，6 的因子为 1、2、3，且 6=1+2+3，所以 6 是完数。编写一个控制台程序，能够求出 1000 以内的所有完数。

（7） 输出如下图形：

```
*          *****         *          *****
**          ****        **          ****
***          ***       ***          ***
****          **      ****          **
*****          *     *****          *
 (a)          (b)      (c)          (d)
```

（8）任意输入一个正整数 n，输出一个 2n−1 行的菱形。n=5 时的输出结果如下：

```
    *
   * *
  *   *
 *     *
*       *
 *     *
  *   *
   * *
    *
```

4 Chapter

第 4 章

数组、集合和泛型

本章学习目标

本章主要讲解 C#中的数组、集合和泛型，以实现对同种类型的数据进行统一管理和操作。通过本章，读者应该掌握以下内容：

1. 数组的概念
2. 声明、创建数组
3. 初始化数组
4. 遍历数组元素
5. 多维数组
6. 交错数组
7. 隐式类型数组
8. 集合
9. 泛型

4.1 数组的概念

在程序设计中，经常出现需要对同一种类型的数据进行统一管理和操作的情况。例如，同一个班级有多名学生，所有学生信息需要统一进行统计、排序等操作。为方便实现上述处理，可以使用数组这一数据结构。数组（array）是一个包含相同数据类型的数据的集合，可以通过索引来访问其中的所有数据成员（数组元素）。C#中的数组一般分为一维数组、多维数组和交错数组，此外还有特殊的隐式类型数组。

数组具有以下属性。

（1）数组可以是一维、多维或交错的。

（2）数值数组元素的默认值为零，而引用元素的默认值为 null。

（3）交错数组是数组的数组，因此，它的元素是引用类型，初始化为 null。

（4）数组的索引（序号）从零开始，具有 n 个元素的数组的索引从 0 到 n–1。

（5）数组元素可以是任何类型，包括数组类型。

4.2 声明、创建数组

1. 声明数组

和其他数据类型一样，数组对象在使用前也必须先声明和创建。数组是使用类型声明的，一维数组、多维数组和交错数组的声明和创建方式稍有不同。

一维数组的声明格式：数据类型[ ] 数组对象名称;

多维数组的声明格式：数据类型[,] 数组对象名称;

交错数组的声明格式：数据类型[ ][ ] 数组对象名称;

其中的数据类型可以是任何 C#的合法数据类型。

例如，声明一个记录多名学生姓名的数组变量，由于所有学生姓名都可以用一个字符串变量来记录，因此记录多名学生姓名的数组变量声明如下：

```
string[ ] studentsName;
```

声明一个记录多名学生某一门课程考试成绩的数组变量，由于学生考试成绩可用 float 类型变量来记录，因此记录多名学生成绩的数组变量声明如下：

```
float[ ] studentsGrade;
```

在实际应用中，往往需要记录学生的多门课程成绩，而每个学生所学课程都一样。如果把学生的各门课程成绩分别记录在不同的数组中，则无法确定同一学生的多门课程成绩能否一一对应，此时可以用多维数组实现。由于所有课程的成绩都是小数，所以记录多名学生的多门课程成绩的数组变量声明如下：

```
float[ , ] studentsGrades;
```

在某些特殊情况下，数组中的元素还需要记录多个类型相同的数据，但数组中的元素包含的数据数量并不相同，此时就可以使用交错数组，交错数组又叫数组的数组。在上例中，如果学生所学课程的门数不一样，需要记录所有学生的所有成绩，可用交错数组如下声明变量：

```
float[ ][ ] studentsGrades;
```

2．创建数组

数组变量和其他变量一样，必须先创建后使用。创建数组时，使用 new 关键字并指定数组的大小，也即数组最多能保存元素的个数。数组元素的个数又称为数组的大小或长度。数组可以为任意长度，可以使用数组存储数千乃至数百万个对象，但必须在创建数组时就确定其大小。

创建一个最多能保存 35 个学生姓名的数组，代码为：

```
string[ ]studentsName = new string[35];
```

创建一个最多能保存 35 个 float 数据的数组，代码为：

```
float[ ]studentsGrade = new float[35];
```

创建一个最多能保存 35 个学生的成绩，每个学生分别学习 5 门课程的多维数组，代码为：

```
float[,] studentsGrades = new float[35, 5];
```

对于交错数组，可以在第一次创建时指定外层数组元素的个数，每个数组元素所包含元素的个数可以在后继代码中指定，如以下示例：

```
//声明并创建一个交错数组，数组大小为 6，数组中的 6 个元素又分别是一个 int 类型的
//数组，但这 6 个数组的大小还未确定
int[ ][ ] jaggedArray = new int[6][ ];
```

也可以在创建数组元素的同时设置数组元素的值，语法格式为：

```
数据类型[ ]  数组对象名称 = new 数据类型[ ] {初始值 1, 初始值 2, 初始值 3, …};
```

创建一个最多能保存 5 个学生姓名的数组，同时对这 5 个学生姓名进行赋值，代码为：

```
string[ ]studentsName = new string[]{ "张三", "李四", "王五", "赵六", "丁七
" };
```

此数组中的元素值分别为"张三"、"李四"、"王五"、"赵六"和"丁七"。同时，由于在初始化时只提供了 5 个元素，所以数组的大小为 5。

此代码也可以写成：

```
string[ ]studentsName = new string[5]{ "张三", "李四", "王五", "赵六", "丁七
" };
```

注意

指定的数组大小必须正好等于大括号中给出的元素初始值的个数，否则编译时将出错。推荐写法是不指定数组大小，而由元素个数来自动确定数组大小，否则在对代码进行修改后，反而容易出现语法错误。例如前例中指定数组大小为 5，但如果根据实际需要，“丁七”不再是数组的成员，则修改代码删除此初始值，代码如下：

```
string[ ]studentsName = new string[5]{ "张三", "李四", "王五", "赵六"};
                    //仅删除"丁七"
```

由于初始化只提供了 4 个数组元素，与指定的数组大小不一致，会出现语法错误，错误提示为：无效的秩说明符: 应为 “,” 或 “]”。

4.3 初始化数组变量

数组变量在创建后，必须先初始化才能被访问。在初始化时需要注意，数组变量自身是一个变量，数组中所包含的所有元素也是变量，数组变量和数组元素所对应的变量可分别初始化。

在上一节中创建数组的同时，就对数组变量进行了初始化，但数组元素并不一定同时完成了初始化。对于数组元素的数据类型为 int、float、string 等基本数据类型的数组，其数组元素在数组变量创建的同时完成初始化，数组元素的值被初始化为对应类型的默认初始值。

创建一个能保存 35 个学生姓名的数组变量，同时完成数组变量自身的初始化：

```
//创建一个最多能保存 35 个学生姓名的数组
string[ ]studentsName = new string[35];
```

此时，数组对象可以被访问，但数组元素却没有明确地初始化，所有 35 个学生姓名都被初始化为 string 类型的默认值，其值为空，即字符串长度为 0。

用另一格式创建一个能保存 5 个学生姓名的数组变量，同时完成数组变量自身的初始化：

```
//创建一个最多能保存 5 个学生姓名的数组
string[ ]studentsName = {"张三", "李四", "王五", "赵六", "丁七"};
```

以下代码同时完成了数组变量和数组元素的初始化，各数组元素被明确地赋予了指定的值：

```
//创建一个最多能保存 5 个学生姓名的数组，同时对这 5 个学生姓名进行赋值
string[ ]studentsName = new string[]{ "张三", "李四", "王五", "赵六", "丁七
" };
```

对数组元素进行访问是通过数组名称及元素在数组中的序号实现的，其语法格式为：

```
数组名称[ 元素在数组中的序号]
```

注意

元素在数组中的序号从 0 开始计数，最后一个元素的序号为数组长度-1。

数组元素变量的值可以读，也可以写。如果数组元素在赋值符号的左侧，则对数组元素进行赋值（写）操作，否则是读取数组元素的值。

上例中完成初始化后，数组元素的值分别为：

```
studentsName[0]   = 张三
studentsName[1]   = 李四
studentsName[2]   = 王五
studentsName[3]   = 赵六
```

```
studentsName[4]  = 丁七
```

要修改原名为“张三”的数组元素的值为“张飞”，则代码为：

```
//第 0 号元素的值被修改为“张飞”
studentsName[0] = "张飞";
```

要读取最后一个学生（也就是第4个元素）的姓名，则代码为：

```
//第 4 号元素的值读取后赋值到变量 lastStudentName 中
string lastStudentName = studentsName[4];
```

4.4 遍历数组元素

数组中的元素之所以会放在同一个数组中，实现统一管理和操作，正是由于同一数组中的元素在逻辑上属于一个整体，对于同一整体中的数组元素常常按照同样的要求依次进行处理，这就要实现数组元素的遍历。例如同一个班的学生姓名放在同一数组中，要把同一个班内的学生姓名打印出来，就需要把每位学生的姓名都打印出来，并且每个姓名只能打印一次。

数组的遍历一般通过循环实现，利用元素序号的有规律变化，可以访问数组中的每一个元素。

以下示例创建了一个星期的每天对应的名称，然后按顺序显示出来。

【例4-1】 定义一个数组，表示一个星期的每天对应的名称，并按顺序显示出来。

```
//Ch04_01.cs
using System;
using System.Collections.Generic;
using System.Linq;
using System.Text;
using System.Threading.Tasks;
namespace Ch04_01
{
  class Program
  {
    static void Main(string[] args)
          {
            //声明一个字符串数组，用于记录一周内每一天的名称
            string[] weekDays;
            //创建数组变量，同时依次初始化数组中的每一个元素，值为每天的名称
            weekDays  = new string[] { "Sun", "Mon", "Tue", "Wed", "Thu",
                                       "Fri", "Sat" };
            //读取数组的长度
            int weekDayLength = weekDays.Length;

            //通过循环，按顺序显示每天的名称
            //其中，index 是每轮循环时处理的元素在数组中的序号
            for (int index = 0; index < weekDayLength; index++)
            {
```

```
                //数组名称[元素序号]用于访问对应的数组元素
                Console.WriteLine("第{0}天是: {1}", index, weekdays[index]);
            }

            //等待用户输入，程序暂停，以查看输出结果
              Console.WriteLine("请按回车结束程序");
            Console.ReadLine();
        }
    }
}
```

程序执行结果如下：

```
第 0 天是：Sun
第 1 天是：Mon
第 2 天是：Tue
第 3 天是：Wed
第 4 天是：Thu
第 5 天是：Fri
第 6 天是：Sat
请按回车结束程序
```

以下示例创建了一个整型数组，反序输出各元素的值，并计算总和。

【例 4-2】 创建一个整型数组，反序输出各元素的值，并计算总和。

```
//Ch04_02.cs
using System;
using System.Collections.Generic;
using System.Linq;
using System.Text;
using System.Threading.Tasks;
namespace Ch04_02
{
  class Program
  {
    static void Main(string[] args)
        {
            //声明一个整型数组，用于记录 10 个整数
            int[] intValue = new int[10];
            //获取数组长度
            int length = intValue.Length;
            //通过循环对数组元素进行赋值
            for (int index = 0; index < length; index++)
            {
                intValue[index] = index + 1;
            }
```

```
            //声明总和变量
            int sum = 0;
            //反序输出各元素的值，并计算总和
            for (int index = length - 1; index >= 0; index--)
            {
                Console.WriteLine("第{0}个整数值是：{1}", index, intValue
                                  [index]);
                sum = sum + intValue[index];
            }
            //输出总和
            Console.WriteLine("总和：" + sum);
            //等待用户输入，程序暂停，以查看输出结果
            Console.WriteLine("请按回车结束程序");
            Console.ReadLine();
        }
    }
}
```

程序执行结果如下：

```
第 9 个整数值是：10
第 8 个整数值是：9
第 7 个整数值是：8
第 6 个整数值是：7
第 5 个整数值是：6
第 4 个整数值是：5
第 3 个整数值是：4
第 2 个整数值是：3
第 1 个整数值是：2
第 0 个整数值是：1
总和：55
请按回车结束程序
```

数组的遍历除了可以用 for 循环实现，还可以用 while 或 do...while 循环实现，此外，还可以使用 foreach 语句完成。foreach 语句提供一种简单、明了的方法来循环访问数组的元素。与 for 相比，foreach 只能顺序访问数组元素，并且只能访问，不能赋值。

foreach 的通用语法格式如下：

```
foreach (数据类型 当前变量 in 集合对象)
{
    //处理代码
}
```

其中，集合对象在数组的应用中就是数组对象，如果需要提早结束遍历而不处理其余部分元素时，可以通过 break 语句跳出 foreach 代码块，其用法与循环中的 break 语句相同。

【例 4-2】中的计算数组元素之和，可以用下例的方式完成。

【例 4-3】 创建一个整型数组，计算总和。

```
//Ch04_03.cs
using System;
using System.Collections.Generic;
using System.Linq;
using System.Text;
using System.Threading.Tasks;
namespace Ch04_03
{
  class Program
  {
    static void Main(string[] args)
    {
      //声明一个整型数组，用于记录 10 个整数
      int[] intValue = new int[10];

      //获取数组长度
      int length = intValue.Length;
      //通过循环对数组元素进行赋值
      for (int index = 0; index < length; index++)
      {
        intValue[index] = index + 1;
      }

      //声明总和变量
      int sum = 0;
      foreach (int curElement in intValue)
      {
        //每次处理过程中，curElement 分别对应数组中的各元素
        Console.WriteLine("当前元素的值是：{0}", curElement);
        sum = sum + curElement;
      }
      //输出总和
      Console.WriteLine("总和：" + sum);

      //等待用户输入，程序暂停，以查看输出结果
      Console.WriteLine("请按回车结束程序");
      Console.ReadLine();
    }
  }
}
```

程序执行结果如下：

```
当前元素的值是：1
当前元素的值是：2
当前元素的值是：3
当前元素的值是：4
当前元素的值是：5
当前元素的值是：6
当前元素的值是：7
当前元素的值是：8
当前元素的值是：9
当前元素的值是：10
总和：55
请按回车结束程序
```

可以看到，foreach 内部的代码共执行了 10 次，每次执行过程中的 curElement 分别对应 0 到 9 号元素。

注意

在 foreach 内部代码中，不能修改当前变量的值。把【例 4-3】中的 foreach 语句修改成以下代码，编译时将显示“curElement 是一个‘foreach 迭代变量’，无法为它赋值”的语法错误。

```
foreach (int curElement in intValue)
{
  //每次处理过程中的 curElement 分别对应数组中的各元素
  Console.WriteLine("当前元素的值是：{0}", curElement);
  curElement = 10;
  sum = sum + curElement;
}
```

【例 4-4】 一个班级有 15 个学生，请输出该班数学成绩的最高分与最低分。

```
//Ch04_04.cs
using System;
using System.Collections.Generic;
using System.Linq;
using System.Text;
using System.Threading.Tasks;
namespace Ch04_04
{
  class Program
  {
    static void Main(string[] args)
    {
      int[] a = { 77, 34, 63, 89, 54, 78, 56, 75, 93, 96, 21, 82, 87, 85, 92 };
      //变量 max 用来保存最高分，min 用来保存最低分
      int max = 0, min = 100;
      for (int i = 0; i < 15; i++)
```

```
        {
            if (a[i] > max) max = a[i];
            if (a[i] < min) min = a[i];
        }
        Console.WriteLine("最高分为"+max+"，最低分为"+min);
        Console.ReadLine();
      }
    }
}
```

程序执行结果如下：

```
最高分为 96，最低分为 21
```

为什么变量 max 的初始值要设置为 0，min 的初始值要设置为 100？通常情况下，成绩的最大值为 100，最小值为 0，为什么在程序中倒过来呢？试试把代码改为如下所示：

```
static void Main(string[] args)
        {
            int[] a = { 77, 34, 63, 89, 54, 78, 56, 75, 93, 96, 21, 82, 87,
                        85, 92 };
            //变量 max 用来保存最高分，min 用来保存最低分
            int max = 100, min = 0;
            for (int i = 0; i < 15; i++)
            {
                if (a[i] > max) max = a[i];
                if (a[i] < min) min = a[i];
            }
            Console.WriteLine("最高分为"+max+"，最低分为"+min);
            Console.ReadLine();
        }
```

程序执行结果如下：

```
最高分为 100，最低分为 0
```

错误原因：因为是求最高分和最低分，所以最大值为 100，最小值为 0。如果在代码中把变量 max 的初始值设置为 100，if(a[i]>max)max=a[i]; 中的 if 条件永远不会成立，max 的值始终不会改变，一直为 100；同理，min 的初始值设置为 0，if(a[i]<min)min=a[i]; 中的 if 条件也永远不会成立，min 的值始终不会改变，一直为 0。

在一个能够事先确定最大值 MAX（本例中为 100）和最小值 MIN（本例中为 0）的数组中，可以将用来保存最大值的变量 max 的初始值设置为 MIN，用来保存最小值的变量 min 的初始值设置为 MAX。

现在情况发生了变化，如果数组 a 保存的数据不再是成绩（成绩是有最大最小值的），而是保存 15 个人的总资产，那么怎样求最大最小值呢？有人可能想到了：int 类型的取值范围为

−32768～32767，把变量 max 的初始值设置为−32768，min 的初始值设置为 32767。如果换成 double 类型的数组呢？每次写代码之前还得找最大最小值吗？这并不是一种最简单的做法，改动代码如下：

```
static void Main(string[] args)
    {
        int[] a = { 77, 34, 63, 89, 54, 78, 56, 75, 93, 96, 21, 82, 87,
                    85, 92 };
        //变量max用来保存最高分，min用来保存最低分
        int max = a[0], min = a[0];
        for (int i = 0; i < 15; i++)
        {
          if (a[i] > max) max = a[i];
          if (a[i] < min) min = a[i];
        }
        Console.WriteLine("最高分为" + max + "，最低分为" + min);
        Console.ReadLine();
    }
```

不管最大最小值是多少，将变量 max 和变量 min 统一设置为数组的任意一个元素即可，通常情况下，max=min=a[0]。这是以后会经常见到的处理方式。

【例 4-5】 给定一个数组，使用冒泡排序法对其进行排序后输出。

冒泡排序（bubble sort）是一种简单常用的排序方法。其基本思想是：假设序列长度为 n，将待排序序列中第一个记录的关键字 R1.key 与第二个记录的关键字 R2.key 进行比较，如果 R1.key>R2.key，则交换记录 R1 和 R2 在序列中的位置，否则不交换；然后继续对当前序列中的第二个记录和第三个记录做同样的处理，依次类推，直到序列中倒数第二个记录和最后一个记录处理完为止，这样的过程称作一次冒泡。

通过第一次冒泡排序，待排序的 n 个记录中关键字最大的记录排到了序列的最后，实际上是一次排序让关键字最大的记录“冒”了出来，它的位置以后不再改变（当然，也可以让关键字最小的记录“冒”出来）。

然后对序列中的前 n−1 个记录进行第二次冒泡排序，使序列中关键字第二大的记录排到序列的第 n−1 个位置上。重复进行冒泡排序，对于具有 n 个记录的序列，进行 n−1 次冒泡排序后，序列的后 n−1 个记录已按照关键字从小到大进行了排列，剩下的第一个记录必定是关键字最小的记录，此时整个序列已经有序排列。

当进行某次冒泡排序时，若没有任何两个记录交换位置，则表明序列已按照记录关键字从小到大排列，此时排序也可结束。

初始值：5 9 1 6 4 7 0 3

第一次冒泡过程：

```
5 9 1 6 4 7 0 3    比较第一个、第二个元素，不需互换   →5 9 1 6 4 7 0 3
5 9 1 6 4 7 0 3    比较第二个、第三个元素，需要互换   →5 1 9 6 4 7 0 3
5 1 9 6 4 7 0 3    比较第三个、第四个元素，需要互换   →5 1 6 9 4 7 0 3
5 1 6 9 4 7 0 3    比较第四个、第五个元素，需要互换   →5 1 6 4 9 7 0 3
```

```
5 1 6 4 9 7 0 3      比较第五个、第六个元素，需要互换   →5 1 6 4 7 9 0 3
5 1 6 4 7 9 0 3      比较第六个、第七个元素，需要互换   →5 1 6 4 7 0 9 3
5 1 6 4 7 0 9 3      比较第七个、第八个元素，需要互换   →5 1 6 4 7 0 3 9
```

观察排序过程会发现，实际上是最大元素9被放到了数组的最后一位，也即最大元素9不停往后"冒"的过程，这也是冒泡法的名称来由。最终结果51647039，最大值9已经到了它应该在的位置，用"【 】"符号表明它已归位：5164703【9】。第二次冒泡排序不需要再用其他元素和"【 】"内的元素作比较。

第二次冒泡过程：

```
5 1 6 4 7 0 3 【9】比较第一个、第二个元素，需要互换  →1 5 6 4 7 0 3 【9】
1 5 6 4 7 0 3 【9】比较第二个、第三个元素，不需互换  →1 5 6 4 7 0 3 【9】
1 5 6 4 7 0 3 【9】比较第三个、第四个元素，需要互换  →1 5 4 6 7 0 3 【9】
1 5 4 6 7 0 3 【9】比较第四个、第五个元素，不需互换  →1 5 4 6 7 0 3 【9】
1 5 4 6 7 0 3 【9】比较第五个、第六个元素，需要互换  →1 5 4 6 0 7 3 【9】
1 5 4 6 0 7 3 【9】比较第六个、第七个元素，需要互换  →1 5 4 6 0 3 7 【9】
```

第二次冒泡排序将第二大的元素7放到了倒数第二位，也是它应该在的位置，整个数组已有两个元素归位，数组变为：154603【79】。

第三次冒泡过程：

```
1 5 4 6 0 3【7 9】 比较第一个、第二个元素，不需互换  →1 5 4 6 0 3【7 9】
1 5 4 6 0 3【7 9】 比较第二个、第三个元素，需要互换  →1 4 5 6 0 3【7 9】
1 4 5 6 0 3【7 9】 比较第三个、第四个元素，不需互换  →1 4 5 6 0 3【7 9】
1 4 5 6 0 3【7 9】 比较第四个、第五个元素，需要互换  →1 4 5 0 6 3【7 9】
1 4 5 0 6 3【7 9】 比较第五个、第六个元素，需要互换  →1 4 5 0 3 6【7 9】
```

第三次冒泡排序后有三个元素归位，数组变为：14503【679】。

第四次冒泡过程：

```
1 4 5 0 3【6 7 9】 比较第一个、第二个元素，不需互换  →1 4 5 0 3【6 7 9】
1 4 5 0 3【6 7 9】 比较第二个、第三个元素，不需互换  →1 4 5 0 3【6 7 9】
1 4 5 0 3【6 7 9】 比较第三个、第四个元素，需要互换  →1 4 0 5 3【6 7 9】
1 4 0 5 3【6 7 9】 比较第四个、第五个元素，需要互换  →1 4 0 3 5【6 7 9】
```

第四次冒泡排序后有四个元素归位，数组变为：1403【5679】。

第五次冒泡过程：

```
1 4 0 3【5 6 7 9】 比较第一个、第二个元素，不需互换  →1 4 0 3【5 6 7 9】
1 4 0 3【5 6 7 9】 比较第二个、第三个元素，需要互换  →1 0 4 3【5 6 7 9】
1 0 4 3【5 6 7 9】 比较第三个、第四个元素，需要互换  →1 0 3 4【5 6 7 9】
```

第五次冒泡排序后有五个元素归位，数组变为：103【45679】。

第六次冒泡过程：

```
1 0 3【4 5 6 7 9】 比较第一个、第二个元素，需要互换  →0 1 3【4 5 6 7 9】
0 1 3【4 5 6 7 9】 比较第二个、第三个元素，不需互换  →0 1 3【4 5 6 7 9】
```

第六次冒泡排序后有六个元素归位，数组变为：01【345679】。

第七次冒泡过程：

0 1【3 4 5 6 7 9】 比较第一个、第二个元素，不需互换 →0 1【3 4 5 6 7 9】

第七次冒泡排序后有七个元素归位，数组变为：0【1345679】。数组a共有八个元素，此时七个元素全部排列到应该在的位置，第八个元素的位置即已确认，无须进行第八次冒泡排序。也就是说，一个长度为n的数组，经过n-1轮“冒泡”就可以按照顺序或者逆序排列。

```
//Ch04_05.cs
using System;
using System.Collections.Generic;
using System.Linq;
using System.Text;
using System.Threading.Tasks;
namespace Ch04_05
{
  class Program
  {
    static void Main(string[] args)
    {
      int[] a= { 5, 9, 1, 6, 4, 7 ,0 ,3 };
      int  temp;
      Console.Write("初始值为：");
      for (int k = 0; k < a.Length; k++) Console.Write(a[k] + " ");
      Console.WriteLine();
      for (int i = 1; i <= a.Length - 1; i++) //元素个数为N的数组需要进行N-1
                                              //次冒泡排序
      {
        //第一次冒泡排序从下标为0的元素比较到下标为N-1的元素
        //第二次冒泡排序从下标为0的元素比较到下标为N-2的元素
        //...
        //第i次冒泡排序从下标为0的元素比较到下标为N-i的元素
        for (int j = 0; j < a.Length - i; j++)
        {
          if (a[j] > a[j + 1])
          {
            temp = a[j];
            a[j] = a[j + 1];
            a[j + 1] = temp;
          }
        }
        Console.Write("第" + i + "次冒泡排序后的结果为：");
        for (int k = 0; k < a.Length; k++) Console.Write(a[k] + " ");
        Console.WriteLine();
```

```
        }
        Console.ReadLine();
      }
    }
}
```

程序执行结果如下：

```
初始值为：5 9 1 6 4 7 0 3
第 1 次冒泡排序后的结果为：5 1 6 4 7 0 3 9
第 2 次冒泡排序后的结果为：1 5 4 6 0 3 7 9
第 3 次冒泡排序后的结果为：1 4 5 0 3 6 7 9
第 4 次冒泡排序后的结果为：1 4 0 3 5 6 7 9
第 5 次冒泡排序后的结果为：1 0 3 4 5 6 7 9
第 6 次冒泡排序后的结果为：0 1 3 4 5 6 7 9
第 7 次冒泡排序后的结果为：0 1 3 4 5 6 7 9
```

初始值：59164703，共比较了6次，是比较次数比较多的情况，第七次冒泡排序没有进行任何数据交换，表明序列已按照记录关键字从小到大排列，此时排序也可结束。

假设初始值为215386，第二次冒泡排序和第一次冒泡排序比较，没有任何数据进行了交换，表明数组已按照记录从小到大排列，此时排序也可结束。因此增加一个变量 count，用来记录每次冒泡排序进行了几次交换，如果某一次冒泡排序结束后，count 的值为 0，就可以跳出循环。

程序执行结果如下：

```
初始值为：2 1 5 3 8 6
第 1 次冒泡排序后的结果为：1 2 3 5 6 8
第 2 次冒泡排序后的结果为：1 2 3 5 6 8
第 3 次冒泡排序后的结果为：1 2 3 5 6 8
第 4 次冒泡排序后的结果为：1 2 3 5 6 8
第 5 次冒泡排序后的结果为：1 2 3 5 6 8
```

更有效率的冒泡排序如下代码所示。

```
static void Main(string[] args)
       {
         int[] a= { 2,1,5,3,8,6 };
         int  temp;
         Console.Write("初始值为：");
         for (int k = 0; k < a.Length; k++) Console.Write(a[k] + " ");
         Console.WriteLine();
         for (int i = 1; i <= a.Length - 1; i++) //元素个数为N的数组需要进行
                                                 //N-1次冒泡排序
         {
           //第一次冒泡排序从下标为0的元素比较到下标为N-1的元素
           //第二次冒泡排序从下标为0的元素比较到下标为N-2的元素
           //...
```

```
            //第 i 次冒泡排序从下标为 0 的元素比较到下标为 N-i 的元素
            int count = 0;
            for (int j = 0; j < a.Length - i; j++)
            {
              if (a[j] > a[j + 1])
              {
                temp = a[j];
                a[j] = a[j + 1];
                a[j + 1] = temp;
                count++;
              }
            }
            Console.Write("第" + i + "次冒泡排序后的结果为: ");
            for (int k = 0; k < a.Length; k++) Console.Write(a[k] + " ");
            Console.WriteLine();
            if (count == 0) break;
          }
          Console.ReadLine();
      }
```

程序执行结果如下：

```
初始值为: 2 1 5 3 8 6
第 1 次冒泡排序后的结果为: 1 2 3 5 6 8
第 2 次冒泡排序后的结果为: 1 2 3 5 6 8
```

【例 4-6】 使用 Array.Sort 和 Array. Reverse 对数组进行排序。

C#中提供了对数组进行排序的方法 Array.Sort 和 Array.Reverse，其中 Array.Sort 对数组从小到大排序，Array. Reverse 对数组从大到小排序。

```
//Ch04_06.cs
using System;
using System.Collections.Generic;
using System.Linq;
using System.Text;
using System.Threading.Tasks;
namespace Ch04_06
{
  class Program
  {
    static void Main(string[] args)
    {
      int[] a= { 2,1,5,3,8,6 };
      Console.Write("初始值为: ");
      for (int k = 0; k < a.Length; k++) Console.Write(a[k] + " ");
      Console.WriteLine();
```

```
            Array.Sort(a);
            for (int k = 0; k < a.Length; k++) Console.Write(a[k] + " ");
            Console.WriteLine();
            Array.Reverse(a);
            for (int k = 0; k < a.Length; k++) Console.Write(a[k] + " ");
            Console.ReadLine();
        }
    }
}
```

程序执行结果如下：

```
初始值为：2 1 5 3 8 6
1 2 3 5 6 8
8 6 5 3 2 1
```

4.5 多维数组

数组可以具有多个维度，就像现实世界有二维空间、三维空间一样，对应的数组称为二维数组、三维数组。二维数组由多行多列的多个元素组成，行数为第 0 维的长度，列数为第 1 维的长度。

多维数组的使用与一维数组的使用基本一致，只是访问数组元素时，必须指定元素在每一维的序号。二维数组下标的示意图如图 4-1 所示。

数组a[M][N]

	第1列	第2列	第3列	……	第N列
第1行	a[0][0]	a[0][1]	a[0][2]	……	a[0][N-1]
第2行	a[1][0]	a[1][1]	a[1][2]	……	a[1][N-1]
第3行	a[2][0]	a[2][1]	a[2][2]	……	a[2][N-1]
……	……	……	……	……	……
第M行	a[M-1][0]	a[M-1][1]	a[M-1][2]	……	a[M-1][N-1]

图 4-1　二维数组下标示意图

创建一个整型二维数组，分别记录学生的学号、对应的课程成绩（学生学号和成绩都用整数）和总分，然后输出所有学生的学号和对应的成绩。在数据处理中，一般将同类的数据放到同一列，同一行则为同一实体的数据。记录学生学号和对应成绩的应用，需要的列数为 5，行数为学生个数。下标示意图如图 4-2 所示。

1	1号学生语文	1号学生数学	1号学生英语	1号学生总分
2	2号学生语文	2号学生数学	2号学生英语	2号学生总分
3	3号学生语文	3号学生数学	3号学生英语	3号学生总分
4	4号学生语文	4号学生数学	4号学生英语	4号学生总分
5	5号学生语文	5号学生数学	5号学生英语	5号学生总分
6	6号学生语文	6号学生数学	6号学生英语	6号学生总分

图 4-2　下标示意图

【例 4-7】创建一个整型数组，记录 6 个学生的学号和对应的课程成绩，并输出总分最高的学生学号，其中语文、数学、英语成绩均为随机产生。

```
//Ch04_07.cs
using System;
using System.Collections.Generic;
using System.Linq;
using System.Text;
using System.Threading.Tasks;
namespace Ch04_07
{
  class Program
  {
    static void Main(string[] args)
    {
      //声明并创建一个二维整型数组，用于记录学生学号和成绩
      int[,] studentsGrade = new int[6, 5];

      //获取行数，即第 0 维的长度
      int rowCount = studentsGrade.GetLength(0);
      //获取列数，即第 1 维的长度
      int columnCount = studentsGrade.GetLength(1);
      Random r = new Random();//产生一个随机数
      int maxsum = 0;//记录总分的最高分
      Console.WriteLine("学号 "+"语文 "+"数学 "+"英语 "+"总分");
      for (int rowIndex = 0; rowIndex < rowCount; rowIndex++)
      {
        //为第一列学号赋值
        studentsGrade[rowIndex, 0] = rowIndex + 1;
        Console.Write(studentsGrade[rowIndex, 0] + "  ");
        for (int columnIndex = 1; columnIndex < columnCount-1;
                                                     columnIndex++)
        {
          studentsGrade[rowIndex, columnIndex] = r.Next(0, 101);
          studentsGrade[rowIndex, columnCount - 1]
                                 += studentsGrade[rowIndex, columnIndex];
          Console.Write( studentsGrade[rowIndex, columnIndex]+"     ");
        }
        Console.WriteLine(studentsGrade[rowIndex, columnCount - 1] + "  ");
        if (studentsGrade[rowIndex, columnCount - 1] > maxsum) maxsum =
studentsGrade[rowIndex, columnCount - 1];
      }
      Console.WriteLine("最高分为" + maxsum);
      //等待用户输入，程序暂停，以查看输出结果
      Console.Read();
```

```
        }
    }
}
```

程序执行结果如下（语文、数学、英语成绩为随机值，因此每次的运行结果不同）：

```
学号  语文  数学  英语  总分
1     76    36     1    113
2     77    21    87    185
3     39    15    23    77
4     46    1     98    145
5     44    97    35    176
6     72    74    23    169
```

4.6 交错数组

在某些情况下，多维数组中的各维元素包含的元素个数不相同，使用多维数组实现时，将出现部分元素应该不存在但却已创建的情况。为了使数组中的元素符合实际情况，可以使用交错数组。

交错数组元素的维度和大小可以不同。交错数组也称为“数组的数组”，即数组中的元素自身也是数组。

声明并创建一个交错数组，数组实际上是一个由三个元素组成的一维数组，其中每个元素又是一个一维整型数组：

```
    int[ ][ ]  jaggedArray = new int[3][];
```

初始化这三个元素时，可用如下代码：

```
//交错数组的第 0 号元素被创建为一个长度为 5 的一维数组
jaggedArray[0] = new int[5];
//交错数组的第 1 号元素被创建为一个长度为 4 的一维数组
jaggedArray[1] = new int[4];
//交错数组的第 2 号元素被创建为一个长度为 2 的一维数组
jaggedArray[2] = new int[2];
```

所有整数元素都被初始化为 int 的默认值 0。

由于交错数组中的各元素分别是一维整型数组，所以适用一维数组的创建和初始化方式，代码如下所示：

```
//交错数组的第 0 号元素被创建为一个长度为 5 的一维数组，元素值分别被初始化为
//1、3、5、7、9
jaggedArray[0] = new int[] { 1, 3, 5, 7, 9 };
//交错数组的第 1 号元素被创建为一个长度为 4 的一维数组，元素值分别被初始化为
//0、2、4、6
jaggedArray[1] = new int[] { 0, 2, 4, 6 };
//交错数组的第 2 号元素被创建为一个长度为 2 的一维数组，元素值分别被初始化为
```

```
//11、22
jaggedArray[2] = new int[] { 11, 22 };
```

交错数组还可以在声明时初始化，代码如下所示：

```
int[][]  jaggedArray2 = new int[][]
{
  new int[] {1,3,5,7,9},
  new int[] {0,2,4,6},
  new int[] {11,22}
};
```

或者使用下面的简化格式：

```
int[][]  jaggedArray3 =
{
  new int[] {1,3,5,7,9},
  new int[] {0,2,4,6},
  new int[] {11,22}
};
```

注意

不能在元素初始化时省略 new 运算符，因为不存在元素的默认初始化。

交错数组中的元素可以是多维数组，以下代码声明和初始化一个一维交错数组，该数组包含大小不同的二维数组元素：

```
int[][,]  jaggedArray4 = new int[3][,]
{
  new int[,] { {1,3}, {5,7} },
  new int[,] { {0,2}, {4,6}, {8,10} },
  new int[,] { {11,22}, {99,88}, {0,9} }
};
```

访问交错数组中的元素时，使用数组名称及元素在数组中的对应序号实现。例如访问以上示例中 jaggedArray3 的值为 2 的元素，用变量 jaggedArray3[1][1]；而访问 jaggedArray4 的值为 99 的元素，则用变量 jaggedArray4[2][1,0]。

以下示例展示了如何声明、初始化和访问交错数组。

【例 4-8】 创建一个交错数组，数组的所有元素均是一维整型数组。

```
//Ch04_08.cs
using System;
using System.Collections.Generic;
using System.Linq;
using System.Text;
using System.Threading.Tasks;
namespace Ch04_08
```

```
{
  class Program
  {
    static void Main(string[] args)
    {
      //声明并创建一个包含两个元素的交错数组，每个元素是一个一维整型数组
      int[][] arr = new int[2][];

      //初始化交错数组中的元素
      arr[0] = new int[5] { 1, 3, 5, 7, 9 };
      arr[1] = new int[4] { 2, 4, 6, 8 };

      //显示交错数组中的元素值，每个元素显示在一行内
      for (int i = 0; i < arr.Length; i++)
      {
        Console.Write("交错数组元素({0}): ", i);
        for (int j = 0; j < arr[i].Length; j++)
        {
          Console.Write("{0}{1}", arr[i][j],
                        j == (arr[i].Length - 1) ?  "" : " ");
        }
        //交错数组的一个元素中的所有数据输出后，输出一个换行符
        Console.WriteLine();
      }
      //等待用户输入，程序暂停，以查看输出结果
      Console.WriteLine("请按回车结束程序");
      Console.ReadLine();
    }
  }
}
```

程序执行结果如下：

```
交错数组元素(0):  1 3 5 7 9
交错数组元素(1):  2 4 6 8
请按回车结束程序
```

4.7 隐式类型数组

在 C#中可以创建隐式类型数组，其中，数组实例的类型是从数组初始值设定项中指定的元素推断而来的。任何有关隐式类型变量的规则也适用于隐式类型数组。

在实际开发过程中，隐式类型数组通常与匿名类型以及对象初始值设定和集合初始值设定一起使用。

以下示例展示如何声明、创建并初始化隐式类型数组。

【例 4-9】 声明、创建并初始化隐式类型数组。

```
//Ch04_09.cs
using System;
using System.Collections.Generic;
using System.Linq;
using System.Text;
using System.Threading.Tasks;
namespace Ch04_09
{
  class Program
  {
    static void Main(string[] args)
    {
      //整型数组
      var intArray = new[] { 1, 10, 100, 1000 };
      Console.WriteLine("intArray[3]值为：{0}", intArray[3]);

      //字符串数组
      var stringArray = new[] { "hello", null, "world" };
      Console.WriteLine("stringArray[0]值为：{0}", stringArray[0]);

      //交错数组，数组元素是一维整型数组
      var intJaggedArray = new[]
      {
        new[]{1,2,3,4},
        new[]{5,6,7,8}
      };
      Console.WriteLine("intJaggedArray[1][2] 值 为 : {0}", intJaggedArray
[1][2]);

      //交错数组，数组元素是一维字符串数组
      var stringsJaggedArray = new[]
      {
        new[]{"Luca", "Mads", "Luke", "Dinesh"},
        new[]{"Karen", "Suma", "Frances"}
      };
      Console.WriteLine("stringsJaggedArray[1][2]值为：{0}", stringsJagged
Array[1][2]);

      //等待用户输入，程序暂停，以查看输出结果
      Console.WriteLine("请按回车结束程序");
      Console.ReadLine();
    }
  }
}
```

程序执行结果如下：

```
intArray[3]值为：1000
stringArray[0]值为：hello
intJaggedArray[1][2]值为：7
stringsJaggedArray[1][2]值为：Frances
请按回车结束程序
```

4.8 集合与集合接口

集合如同数组，也用来存储和管理一组特定类型的数据对象。除了基本的数据处理功能，集合直接提供了各种数据结构及算法的实现，如队列、链表、排序等，可以轻松地完成各种复杂的数据操作。在使用数组和集合时要先引入 System.Collections 命名空间，它提供了支持各种类型集合的接口及类。集合本身也是一种类型，可以将其作为存储一组数据对象的容器。由 C#面向对象的特性可知，管理数据对象的集合同样被实现为对象，而存储在集合中的数据对象被称为集合元素。

4.8.1 ArrayList 集合

C#数组不能动态改变大小。如果要动态地改变数组所占用内存空间的大小，则需以数组为基础进一步抽象，以实现这个功能。

现实中，为了让一个班新加入的 10 个学生能跟原来的学生住在一起而把班级整体搬迁，这样的做法显示不合适，因为搬迁的成本太高。但在计算机中，内存成片区域间的拷贝成本是非常低的，采用这样的解决方案也是合理可行的。

如果一个班级频繁地有新学生加入，为了保证学生能住在连续的宿舍内，整个班级就不得不频繁地搬迁。采用以空间换时间的做法可以解决这个问题，在学生每次搬迁时，都让班级宿舍的数量变为原来的两倍。也就是说，如果原来一个班级有 4 间宿舍，搬迁后就变为 8 间，再次搬迁则变为 16 间。

C#中正是采用上述方法来动态改变数组大小的。ArrayList 又被称为动态数组，它的存储空间可以动态改变，同时还拥有添加、删除元素的功能。

ArrayList 类派生自 System.Collections 命名空间，在使用时需要事先声明并引用该命名空间。下面以一个例子来演示如何创建 ArrayList，并输出该动态数组的值。

【例 4-10】 ArrayList 用法举例。

```
// Ch04_10.cs
using System;
using System.Collections.Generic;
using System.Linq;
using System.Text;
using System.Collections;//自己添加的代码
namespace Ch04_10
{
```

```
    class Program
    {
      public static void Main()
      {
        // 创建并初始化一个ArrayList
        ArrayList myAL = new ArrayList();
        myAL.Add("Hello");
        myAL.Add("World");
        myAL.Add("!");

        // 显示ArrayList的个数
        Console.WriteLine("    myAL");
        Console.WriteLine("    Count:    {0}", myAL.Count);
        Console.Write("    Values:");
        foreach (Object obj in myAL)
          Console.Write("   {0}", obj);
        Console.ReadLine();
      }
    }
}
```

程序运行结果如下：

```
myAL
Count:     3
Values:    Hello     World     !
```

4.8.2 哈希表 Hashtable

在.NET Framework中，Hashtable是System.Collections命名空间提供的一个容器，用于处理和表现类似key/value的键值对，其中，key通常可用来快速查找，其区分大小写；value用于存储对应于key的值。Hashtable中的key/value键值对均为Object类型，所以Hashtable支持任何类型的key/value键值对。

Hashtable的主要操作如下。

（1）在哈希表中添加一个key/value键值对：

```
HashtableObject.Add(key,value);
```

（2）在哈希表中删除某个key/value键值对：

```
HashtableObject.Remove(key);
```

（3）通过键获得值：

```
HashtableObject[key];
```

（4）判断哈希表是否包含特定键key：

```
HashtableObject.Contains(key);
```

【例 4-11】 Hashtable 用法举例。

```
// Ch04_11.cs
using System;
using System.Collections.Generic;
using System.Linq;
using System.Text;
using System.Collections; //自己添加的代码

namespace Ch04_11
{
  class Program
  {
    public static void Main()
    {
      // 创建新哈希表
      Hashtable openWith = new Hashtable();
      // 为哈希表增加键值对，其中键不可重复，但值可以重复
      openWith.Add("txt", "notepad.exe");
      openWith.Add("bmp", "paint.exe");
      openWith.Add("dib", "paint.exe");
      openWith.Add("rtf", "wordpad.exe");
      // 如果增加的键与哈希表中已有的键重复，则抛出异常
      try
      {
        openWith.Add("txt", "winword.exe");
      }
      catch
      {
        Console.WriteLine("哈希表中已包含以 \"txt\"为键的元素.");
      }
        // 可以通过键获得该键对应的值
        Console.WriteLine("键 = \"rtf\", 值 = {0}.", openWith["rtf"]);
        //修改键对应的值
        openWith["rtf"] = "winword.exe";
        Console.WriteLine("键 = \"rtf\", 值 = {0}.", openWith["rtf"]);

        //如果不存在该键，将为哈希表增加键值对；如果存在该键，则修改值
        openWith["doc"] = "winword.exe";

        // 首先查看是否包含某键，再决定是否增加
        if (!openWith.ContainsKey("ht"))
        {
```

```
            openWith.Add("ht", "hypertrm.exe");
            Console.WriteLine("为 键 = \"ht\"增加值: {0}", openWith["ht"]);
          }

          //遍历哈希表中的所有键值对
          Console.WriteLine();
          foreach (DictionaryEntry de in openWith)
          {
            Console.WriteLine("键 = {0}, 值 = {1}", de.Key, de.Value);
          }

          // 利用 Remove 方法根据键删除哈希表中的键值对
          Console.WriteLine("\n 删除\"doc\"");
          openWith.Remove("doc");

          if (!openWith.ContainsKey("doc"))
          {
            Console.WriteLine("键 \"doc\" 不存在.");
          }

          Console.ReadLine();
        }
      }
    }
```

程序运行结果如下：

```
哈希表中已包含以 "txt"为键的元素.
键 = "rtf", 值 = wordpad.exe.
键 = "rtf", 值 = winword.exe.
为 键 = "ht"增加值: hypertrm.exe

键 = doc, 值 = winword.exe
键 = rtf, 值 = winword.exe
键 = txt, 值 = notepad.exe
键 = ht, 值 = hypertrm.exe
键 = dib, 值 = paint.exe
键 = bmp, 值 = paint.exe

删除"doc"
键 "doc" 不存在.
```

4.9 泛型集合

4.9.1 泛型 List 集合

4.8 节介绍了集合类。任何类型的对象要存储在集合类中都必须强制转化为 Object 类型，从集合类中获取元素时又要转化成原先的类型。为了提供更强的编译时类型检查，减少数据类型之间的显式转换，以及装箱操作和运行时类型检查，C#引入了泛型的概念。简单地说，泛型让类、结构、接口、委托和方法按照自己存储的操作的数据类型进行参数化。

```
ArrayList primes = new ArrayList();
primes.Add(1);
primes.Add(3);
primes.Add("text");
int pSum = (int)primes[0] + (int)primes[1];
```

可以替换为如下代码，其中使用了泛型版本的 ArrayList：

```
List<int> primes = new List<int>();
primes.Add(1);
primes.Add(3);
// primes.Add("text");    //无法通过编译
int pSum = primes[0] +primes[1];
```

由泛型获益最多的就是集合类，因为在.NET 1.x 中，集合将所有类型的数据都存储为对象，这样一来，强制类型转换和类型验证的任务都压在开发人员的肩头。如果没有上述验证，一个 ArrayList 实例可以用于存储字符串、整数或者自定义对象，只有在运行时才能发现错误。

List 声明中包含一个类型参数，它告诉编译器对象可以包含什么类型的数据（在上面的例子中，类型为 int），然后编译器生成需要指定类型的代码。对于开发人员来说，这就消除了运行时的强制类型转换和类型验证工作。从内存利用和效率的角度来看，如果集合中存储的是基本类型，还消除了装箱（转换为对象）的过程。

4.9.2 泛型 Stack 集合

Stack 又称为堆栈或栈，它是一种重要的线性数据结构。栈只能在一端进行数据输入和输出操作，且遵循“后进先出”的原则，它有一个固定的栈底和一个浮动的栈顶。向栈中输入数据的操作称为“入栈”，被压入的数据保存在栈顶，同时栈顶指针上浮一个；从栈中输出数据的操作称为“出栈”，只有栈顶元素才能出栈，如果栈顶指针指向栈底，说明当前的栈是空的。

Stack 类是用来实现栈的工具类，它能实现栈操作的主要方法，如下所示。

（1）Push(object obj)方法：将指定对象压入栈的顶部。

（2）Pop()方法：移出并返回位于栈顶的对象。

（3）Peek()方法：返回位于栈顶的对象，但不将此对象移出。

【例 4-12】 Stack 用法举例。

```
// Ch04_12.cs
using System;
using System.Collections.Generic;
using System.Linq;
using System.Text;

namespace Ch04_12
{
  class Program
  {
    public static void Main()
    {
      string[] name ={"武汉","软件","职业","学院" };
      Stack<string> stk = new Stack<string>();
      //压栈
      for(int i=0;i<name.Length;i++)
        stk.Push(name[i]);
      //stk.Push(1.5);    //无法通过编译
      //出栈
      while (stk.Count > 0) Console.WriteLine(stk.Pop());
      Console.ReadLine();
    }
  }
}
```

程序运行结果如下：

```
学院
职业
软件
武汉
```

4.9.3 泛型 Queue 集合

Queue（队列）也是非常重要的线性数据结构，它在按接收顺序存储消息方面非常有用。与栈不同，队列在一端输入数据（也叫入队），在另一端输出数据（也叫出队）。队列中数据的插入和删除都只能在队列的头尾处进行，而不能在任意位置插入或删除数据。队列的操作遵循“先进先出”的原则。每个队列都有容量，如果存储的元素数达到它的容量，这个容量还会自动增加以满足需要，队列提供一个增长系数，表示当队列满时容量的增加值，用户也可以直接在 Queue 类的构造函数中设定增长系数，或者使用默认值 2.0。

计算机系统的很多操作都要用到队列这种数据结构。例如，在计算机系统中运行多个任务时，如果只有一个 CPU，其他任务将被安排在一个专门的队列中排队等候，任务的执行按照“先进先出”的原则。另外，网络服务器中待处理的客户机请求队列、打印机缓冲池中的等待作业队列等多任务处理也是使用队列这种数据结构实现的。

Queue 类是用来实现队列的工具类，它能实现队列操作的主要方法，如下所示。

（1）Dequeue()方法：移出并返回位于队列开始处的对象。

（2）Enqueue(object obj)方法：将对象添加到队列的结尾。

（3）Peek()方法：返回位于队列开始处的对象，但不将该对象移出。

【例 4-13】 Queue 用法举例。

```
// Ch04_13.cs
using System;
using System.Collections.Generic;
using System.Linq;
using System.Text;

namespace Ch04_13
{
  class Program
  {
    public static void Main()
    {
      string[] name ={"武汉","软件","职业","学院" };
      Queue<string> q = new Queue<string>();
      //进队列
      for (int i = 0; i < name.Length; i++)
        q.Enqueue(name[i]);
      //q.Enqueue(1.5);    //无法通过编译
      //出队列
      while (q.Count > 0) Console.WriteLine(q.Dequeue());
      Console.ReadLine();
    }
  }
}
```

程序运行结果如下：

```
武汉
软件
职业
学院
```

本章小结

本章介绍了 C#中有关数组的基本概念，主要展示了一维数组、多维数组、交错数组及隐式类型数组变量的声明、创建及初始化，并说明了各类数组中元素的访问技术及数组的遍历方法。集合是一种经常使用的类型，在 System.Collections 和 System.Collections.Generic 命名空间中提供了大量的集合类型，它们提供不同的行为，可以根据实际的情况选择最适用的集合类型。

习题

1. 填空题

（1）有n个元素的数组，其数组元素的序号是从________到________。

（2）创建数组变量一般使用关键字________。

（3）交错数组可以认为是“________的数组”。

（4）遍历数组元素可以用循环或________结构完成。

2. 选择题

（1）以下关于ArrayList类的描述中，正确的有（　　）。

A. ArrayList类可以动态扩大或收缩

B. ArrayList不提供类型安全

C. ArrayList类在System.Collections.Generic命名空间中定义

D. ArrayList第一个索引值为1

（2）假设要设计一个银行叫号系统，最好用（　　）类来实现。

A. Hashtable　　B. ArrayList　　C. Stack　　D. Queue

（3）有一个包括四则运算的表达式，要求计算表达式的结果，最好用（　　）类来实现。

A. Hashtable　　B. ArrayList　　C. Stack　　D. Queue

3. 程序设计题

编写一个控制台应用程序，从键盘输入15位学生的数学成绩，保存在数组中，求出平均成绩，然后逆序显示每位学生的成绩，最后显示平均成绩。

5 Chapter

第 5 章

面向对象

本章学习目标

本章主要介绍 C#中面向对象程序设计的类定义、类的组成、对象创建、索引、静态成员、静态方法以及参数传递等基本知识。通过本章，读者应该掌握以下内容：

1. 定义类并创建对象
2. 引用类型和值类型
3. 字段、属性
4. 方法
5. 索引
6. 变量作用域
7. 静态变量与静态方法
8. 构造函数

5.1 面向对象程序设计概述

在掌握了变量、数据类型、表达式及程序控制流程之后，简单功能的应用程序已可以直接实现，但仍难以表达现实世界需要的功能。根据人类认识现实世界的规律，C#被设计为面向对象的程序设计语言。

以学生信息管理系统为例，每位学生在入校后，必须记录其姓名、学号、电话号码、所住寝室、家庭住址、各学科成绩等信息。可以把这些信息记录在数组中，并在程序中保证每一位学生的相关信息在数组中的序号是相同的。需要访问某一位学生的相关信息时，先确定此学生信息在数组中的对应序号，再分别访问数组中对应序号的元素就可以获取此学生的所有信息。但是，程序设计得太复杂，不但工作量大而且很容易出错。对应现实世界的情况，每位学生能记住自己的学号、姓名等信息，而管理系统中所有学生记录的信息种类和数量基本一致，只是各学生对应的信息值不同。这就和 int 整型数据类型一样，所有的整型变量都只能记录整型数据。需要记录整型数据时，只需要创建一个整型变量，然后设定变量的值。如果程序中有对应的“学生”数据类型，那么在系统中记录一位学生的信息时，只需要创建一个对应“学生”类型的变量，然后设置此学生的对应信息到变量中，同时确保此学生对应的姓名、学号、电话号码等信息都保存在这个变量中；需要此学生对应的信息时，只需要找到这个变量，获取变量中对应的数据值，就能确保获取的信息是此学生的信息而不是其他学生的，程序的编写也得以简化。

但是，现实世界的物体类型太多而且不固定。就学生信息而言，不同的学校，对学生信息管理的要求也不一样，所以 C#中无法给出一个对应的“学生”数据类型。为此，C#程序设计语言（包括其他所有的面向对象程序设计语言）给出一种由程序开发人员自行设计数据类型的技术和方法，这种用于创建变量的复杂的数据类型就是类。C#中提供了大量的类以方便程序开发。

面向对象程序设计中的核心概念包括类和对象。简单地说，类是一种复杂的数据类型，它是将不同类型的数据和与这些数据相关的操作封装在一起的集合体。对象则是以类为数据类型声明或创建的变量。

5.2 类的定义和对象的创建

1. 类的定义

作为复杂的数据类型，类主要包括属性、字段、方法以及内部类。

在使用前，类必须先声明，使用关键字 class，语法格式为：

```
属性 访问控制符  class  类名
{
  //类的属性、字段、方法、内部类
}
```

类以及类的成员（包括类的属性、字段、方法以及内部类）还可以通过访问控制符来控制其可访问性。有关此部分内容在下一章讲解，本章只使用 public 访问控制符。根据代码规范化的要求及行业规范，类名一般由能代表类实际作用的英文单词组成，每个英文单词的首字母大写；

同时，类名还必须符合标识符的命名规范，修饰类的属性并不是必需的。

以下示例声明了一个名为 Student 的类，此类用来记录学生信息。从本章开始，代码较长，除非特别说明，都将省略代码最前面的命名空间导入及命名空间，只关注核心代码。

【例 5-1】 声明一个用于记录学生信息的类，类名为 Student。

```
//Ch05_01.cs
public class Student
{
}
```

创建类时，一般将类的声明放在一个独立的源文件中，只有当两个类有非常密切的关系时才会把多个类的声明放在同一个源文件中。

在 Visual Studio 2017 中，创建一个类到项目的操作过程如下。

（1）右击“解决方案资源管理器”中的项目名称，在弹出的快捷菜单中选择“添加”项，再单击级联菜单中的“类”项，弹出“添加新项”对话框（如果找不到“解决方案资源管理器”，可以单击菜单“视图”，然后单击“解决方案资源管理器”将其打开）。

（2）在“添加新项”对话框下方的“名称”输入框中输入类名，本例为“Student”。

（3）单击“添加”按钮，“解决方案资源管理器”窗口中新添加了一项，名为“Student.cs”，同时，源文件也被打开，类声明的基本代码已自动完成，可以直接编写其他相关代码。

自动创建的 Student 类声明代码，在类的前面并没有明确给出访问控制符，可以手动添加 public，也可以先不写，在需要时再添加。

为了说明类的作用与设计目的，在类的声明代码前，一般需要添加有关类的作用的注释内容。添加类的注释时，把光标移动到类的前一行，输入连续的三个“/”符号，IDE 将自动添加注释的相关格式控制代码，不移动光标，直接添加注释内容，完成的 Student 类代码如下所示。

【例 5-2】 添加 Student 类的注释。

```
//Ch05_02.cs
namespace ClassDemo    //此命名空间根据项目名称的不同而不同
{
  /// <summary>
  /// Student 是用于管理学生相关信息的类
  /// </summary>
  public class Student
  {
  }
}
```

至此，Student 类就成为一种新的数据类型，可以和 int 等基本数据类型一样用于声明变量，并且所有 Student 类型的变量都具有同样的属性。

2. 对象的声明及创建

设计类的目的就是根据需要创建一种新的数据类型，最终将其用于声明和创建满足要求的变量。类创建的变量又称为对象。

和创建简单数据类型的变量一样，复杂数据类型的变量也需要先声明，如以下代码声明了一个 Student 类型的对象 firstStudent。

```
//声明 Student 类型的对象
Student firstStudent;
```

在声明对象时，可以看到【例 5-2】中所示的注释内容，在输入代码的过程中，可以看到如图 5-1 所示的提示信息。

```
namespace ConsoleApp2
{
    class Program
    {
        static void Main(string[] args)
        {
            stud
        }   Student          class ConsoleApp2.Student
    }                        Student是用于管理学生相关信息的类
}
```

图 5-1　声明变量

与简单数据类型变量不同的是，类声明的对象还必须先创建然后才能使用，因为此时 firstStudent 对象还不存在。

创建对象的关键字是 new，语法格式为：

```
new 类名();
```

示例代码如下所示 ：

```
//声明 Student 类型的对象
Student firstStudent;
//创建对象
firstStudent = new Student();
```

5.3 类的字段和属性

在前一节已声明了用于管理学生信息的专用类 Student，但是还无法管理学生的任何信息。为了使类能够完成管理信息的功能，在类的内部常常需要定义类的成员。类的成员包括字段、属性、常量、方法、索引器、构造函数以及内部类等。

1. 类的字段声明

字段是在类的范围声明的变量。字段是其包含类型的成员，可以是内置数值类型或其他类的实例。例如，日历类可能具有一个包含当前日期的字段。

字段声明的语法格式为：

```
属性 访问控制符 数据类型 字段名
```

字段必须声明在类的直接内部。

根据本章一开始的功能要求，Student 类必须能记录学生的姓名、学号、电话号码等信息，因此，Student 类必须在其内部声明对应的字段，每一信息对应声明一个不同的字段。

以下示例在【例 5-1】的基础上为 Student 类添加了部分字段，用于保存学生的基本信息。

【例 5-3】 为 Student 类添加保存学生基本信息的字段。

```
//Ch05_03.cs
/// <summary>
/// Student 是用于管理学生相关信息的类
/// </summary>
public class Student
{
  /// <summary>
  /// 姓名
  /// </summary>
  public string Name;
  /// <summary>
  /// 学号
  /// </summary>
  public string ID;
  /// <summary>
  /// 电话号码
  /// </summary>
  public string Phone;
  /// <summary>
  /// 出生日期
  /// </summary>
  public DateTime BirthDay;
}
```

字段名称必须符合标识符的命名规范，建议同时遵循相关的代码规范化要求。

字段声明之后，由类创建的对象自动具备了同名的内部变量，但不同对象的同名字段值可以不一样。

如果字段的数据类型是简单数据类型，则在对象创建后，其字段值自动设置为对应数据类型的默认值；如果字段的数据类型是复杂数据类型（如类），则在对象创建后，其字段值自动设置为 null。

2. 类的字段访问

对象创建后，可以通过对象名和对应的字段名实现对相应对象的字段进行访问，以设置字段的值或读取字段的值。

访问对象的属性时，通过“.”运算符实现，语法格式为：

```
对象名.字段名
```

当其出现在赋值符号右侧时是读取对应字段值，出现在赋值符号左侧时是把赋值符号右侧的值保存到左侧对象的字段中。

以下示例在【例 5-3】的基础上创建了两个对象，分别设置字段值和读取字段值。

【例 5-4】 在主方法中设置字段值和读取字段值。

```
//Ch05_04.cs
static void Main(string[] args)
{
   //声明 Student 类型的对象
   Student firstStudent;
   //创建对象
   firstStudent = new Student();
   //设置姓名字段值
   firstStudent.Name = "关羽";
   //设置出生日期
   firstStudent.BirthDay = new DateTime(1990, 1, 2);
   //设置学号
   firstStudent.ID = "0962101";

   //声明另一 Student 类型的对象
   Student anotherStudent;
   //创建对象
   anotherStudent = new Student();
   //设置出生日期
   anotherStudent.BirthDay = new DateTime(1992, 3, 15);
   //设置姓名字段值
   anotherStudent.Name = "张飞";
   //设置学号
   anotherStudent.ID = "0962102";

   //显示 firstStudent 相关字段值
   Console.WriteLine("{0}号学生{1}出生日期是：{2}", firstStudent.ID,
                      firstStudent.Name, firstStudent.BirthDay);
   //显示 anotherStudent 相关字段值
   Console.WriteLine("{0}号学生{1}出生日期是：{2}", anotherStudent.ID,
                      anotherStudent.Name, anotherStudent.BirthDay);

   //等待用户输入，程序暂停，以查看输出结果
   Console.WriteLine("请按回车结束程序");
   Console.ReadLine();
}
```

程序执行结果如下：

```
0962101 号学生关羽出生日期是：1990-1-2 0:00:00
```

```
0962102 号学生张飞出生日期是：1992-3-15 0:00:00
请按回车结束程序
```

上例中创建了同一类型的两个对象 firstStudent 和 anotherStudent，分别对两个对象的两个字段进行了赋值，最后读取并显示了相关的字段值。此例可以类比于现实世界的学生，不同的学生个体，其特征不同，比如姓名、出生日期等，但同一学生的信息有了关联，通过字段保存在同一对象内部。

必须注意，只有同一类型的对象都具备的共同特征才能声明为类的字段。

在声明类的字段时，要添加字段的注释，方法与类的注释添加方法相同。字段的注释添加后，在引用字段时，IDE 会自动显示对应的字段注释内容，既方便编写代码，也减少代码编写错误。

3. 类的属性声明

类的字段虽然可以实现对象信息存储和管理的要求，但不能很好地满足程序设计的要求，同时不便于程序的修改。

以【例 5-4】的 Student 类为例，由于开始设计时的疏忽，没有学生的身份证号，现根据应用需要，添加学生的身份证号到类中。通常的习惯是将身份证号命名为 ID，但 Student 类中已把“ID”标识符用于学号，而且在其他地方已使用过 ID 字段。如果修改 Student 类中“学号”字段的名称，程序中原来使用过“学号”字段的所有代码都必须修改。实际开发中，由于程序规模较大，修改很容易出错。此外，如果类中存储了学生借书证的密码，则只需要找到对应的学生对象，就能读取到借书证密码，显然很不安全。所以需要保密的字段不能使用访问控制符 public 来修饰，而应将其保护起来。

为此，C#一般把字段设计为非 public 类型，并提供“属性”来实现对字段的访问。

属性提供灵活的机制来读取、编写或计算私有字段的值，可以像使用公共数据成员一样使用属性，但实际上它们是称作“访问器”的特殊方法，可以轻松访问数据，还有助于提高方法的安全性和灵活性。

属性声明的基本语法格式为：

```
访问控制符　属性数据类型　属性名
{
    get { return 字段名; }
    set { 字段名 = value; }
}
```

注意

set 中的 value 变量名不能改变。

其中，get 又称为 get 访问器，set 又称为 set 访问器。

以【例 5-4】中的学号为例，修改原学号字段为：

```
private string studentID;
```

声明对应的属性代码为：

```
/// <summary>
/// 学号属性
/// </summary>
public string StudentID
{
  //读取学号值
  get { return studentID; }
  //设置学号值
  set { studentID = value; }
}
```

属性名一般与对应字段的名称相同，只是由于字段不再使用 public 访问控制符，其标识符的首字母为小写英文字母。属性的数据类型与对应的字段数据类型相同，然后跟一对大括号。属性中的代码分为两部分，其中的 get 访问器为读取属性值时执行的代码，而 set 访问器为设置属性值时执行的代码。get 访问器必须返回属性对应类型的数据值，而 set 访问器用于设置属性值，所以没有返回值，其中的 value 关键字代表设置的属性值。

在某些特殊情况下，属性中可能只有 get 访问器或 set 访问器，则属性不支持没有的访问器所代表的功能。例如，对于学生的密码，为了保密，程序不提供读取功能，那么属性就只提供 set 访问器，而不提供 get 访问器，不实现 set 访问器的属性设置为只读的。对于这种情况，一般仍把空的 get 访问器代码写入，但不返回正确的值，并把此部分代码注销，写明注销原因即可。

设置密码字段及密码属性的代码如下所示：

```
private string password;
public string Password
{
  //禁止获取密码
  //get { return null; }
  //设置密码值
  set { password = value; }
}
```

以下示例在【例 5-4】的基础上，修改 Student 类，把原有的字段全部设计为非 public 字段，然后添加对应的属性以实现访问对象的相关信息。

【例 5-5】 声明属性，以访问原有字段。

```
//Ch05_05.cs
namespace ClassDemo
{
  public class Student
  {
    private string name;
    public string Name
    {
      get { return name; }
      set { name = value; }
```

```
        }

        private string studentID;
        public string StudentID
        {
          get { return studentID; }
          set { studentID = value; }
        }

        private string id;
        public string ID
        {
          get { return id; }
          set { id = value; }
        }

        private string phone;
        public string Phone
        {
          get { return phone; }
          set { phone = value; }
        }

        private DateTime birthDay;
        public DateTime BirthDay
        {
          get { return birthDay; }
          set { birthDay = value; }
        }
    }
}
```

注意

为节省空间，本章后续代码不再进行详细注释，但请读者在开发过程中务必写上必要的注释。注释是程序中非常重要的组成部分，也是合格的开发人员必须完成的工作。同时，本章属性的访问控制符不一定是最合适的，但为了简单起见，本章所有属性都使用 public 访问控制符，而字段都使用 private 访问控制符，相关内容的进一步讨论请参见后续内容。

4．类的属性访问

由于字段不再能直接访问，但程序仍需要读取和保存相关信息，此时对属性的访问将替代原有对字段的访问。

访问对象属性的方法和访问对象字段的方法一样，都通过“.”运算符实现，语法格式为：

```
对象名.属性名
```

当对象的属性在赋值符号右侧时，是读取属性的值，即执行属性中的 get 访问器，得到 get 访问器的返回值。

当对象的属性在赋值符号左侧时，是设置属性的值，即执行属性中的 set 访问器，把赋值符号右侧的值保存到属性对应的字段中。执行 set 访问器的代码时，value 变量自身已保存了赋值符号右侧的值。

以下示例在【例 5-5】的基础上，修改原有字段的访问代码为对属性的访问，通过属性来管理学生信息。

【例 5-6】 修改主函数，通过属性管理学生信息。

```
//Ch05_06.cs
static void Main(string[] args)
{
   //声明 Student 类型的对象
   Student firstStudent;
   firstStudent = new Student();
   //通过属性保存学生信息，set 部分代码将学生信息实际保存在对应字段中
   firstStudent.Name = "关羽";
   firstStudent.BirthDay = new DateTime(1990, 1, 2);
   firstStudent.StudentID = "0962101";

   //声明另一 Student 类型的对象
   Student anotherStudent;
   anotherStudent = new Student();
   anotherStudent.BirthDay = new DateTime(1992, 3, 15);
   anotherStudent.Name = "张飞";
   anotherStudent.StudentID = "0962102";

   //通过属性读取学生信息，get 部分代码将实际读取对应字段的值
   Console.WriteLine("{0}号学生{1}出生日期是：{2}", firstStudent.StudentID,
firstStudent.Name, firstStudent.BirthDay);
   Console.WriteLine("{0}号学生{1}出生日期是：{2}", anotherStudent.StudentID,
anotherStudent.Name, anotherStudent.BirthDay);

   Console.WriteLine("请按回车结束程序");
   Console.ReadLine();
}
```

程序执行结果如下：

```
0962101 号学生关羽出生日期是：1990-1-2 0:00:00
0962102 号学生张飞出生日期是：1992-3-15 0:00:00
请按回车结束程序
```

通过属性来访问对象的信息后，类的代码修改则变得相对要简单。例如【例 5-6】中修改学生的“name”字段为“studentName”，直接修改 Student 类中的对应字段和“Name”属性中代码部分的对应字段名即可，主函数中的代码不需要进行修改。

5.4 索引器

1. 定义索引器

当对象中包括多个同类型的成员时，需要快捷方便地访问指定的成员，此时可以使用索引器。索引器允许类的实例像数组一样进行索引。索引器类似于属性，不同之处在于它们的访问器采用参数实现。

例如，一个班有多名学生，每名学生对应一个独立的学生对象，而这些学生又应该在同一个集合中，以方便管理，还需要记录班级名称等其他信息。所以可以设计一个学生班级类（StudentClass），以管理一个班级内的所有学生对象和班级基本信息，应用索引可以方便地访问指定序号的学生对象。

以下示例在【例 5-6】的基础上，创建一个学生班级类，并在其中创建索引器，以方便访问指定序号的学生对象。

【例 5-7】 定义索引器。

```
//Ch05_07.cs
/// <summary>
/// StudentClass 是用于管理多个学生的班级类
/// </summary>
public class StudentClass
{
  /// <summary>
  /// 班级内学生存储在 Student 类型的数组中，本例一个班最多只能有 35 位学生
  /// </summary>
  private Student[ ] students = new Student[35];

  /// <summary>
  /// 索引器，通过索引器可以方便地访问数组中的学生对象
  /// </summary>
  /// <param name="i">序号</param>
  /// <returns>如果序号有效，则返回对应序号的学生对象，否则返回 null</returns>
  public Student this[int i]
  {
    //get 访问器
    get
    {
      //如果指定序号有效，则返回对应序号的学生对象
      if ((i >= 0) && (i < students.Length))
```

```
        {
          return students[i];
        }
        else//否则返回 null
        {
          return null;
        }
      }
      //set 访问器
      set
      {
        //如果指定序号有效，则保存学生对象到数组中
        if ((i >= 0) && (i < students.Length))
        {
          students[i] = value;
        }
      }
    }
  }
```

通过集合来管理同类对象时，一般都会使用索引器来访问集合中的对象。【例 5-7】中的索引器就可以通过序号来访问学生数组中对应序号的学生对象，有效序号的值是从 0～34。在实际使用中，本例的数组也可以用其他集合类代替。

索引器具有以下特点。

（1）使用索引器可以用类似于数组的方式为对象建立索引。

（2）get 访问器返回值，set 访问器分配值。

（3）this 关键字用于定义索引器。

（4）value 关键字用于定义由 set 访问器分配的值。

（5）索引器不必根据整数值进行索引，可由用户决定如何定义特定的查找机制。

（6）索引器可被重载。

（7）索引器可以有多个形参，例如访问二维数组时。

2. 应用索引器

索引器的应用与属性类似，都是通过 get 和 set 访问器来访问对应的对象，但写法有所不同。索引器的使用一般由包含有索引器的对象名称和索引对象的序号组成，如对象名[索引序号]，此即对应的对象，当它处于赋值符号左侧时，调用 set 访问器，把赋值符号右侧的值保存到索引器中；当它处于赋值符号右侧时，调用 get 访问器，获得索引到的对象。

以下示例在【例 5-7】的基础上，修改主函数代码，通过索引器来管理多个学生对象。

【例 5-8】 应用索引器来管理多个学生对象。

```
//Ch05_08.cs
static void Main(string[] args)
{
```

```
    //声明 Student 类型的对象
    Student firstStudent;
    firstStudent = new Student();
    firstStudent.Name = "关羽";
    firstStudent.BirthDay = new DateTime(1990, 1, 2);
    firstStudent.StudentID = "0962101";

    //声明另一 Student 类型的对象
    Student anotherStudent;
    anotherStudent = new Student();
    anotherStudent.BirthDay = new DateTime(1992, 3, 15);
    anotherStudent.Name = "张飞";
    anotherStudent.StudentID = "0962102";

    //声明并创建学生班级对象
    StudentClass firstStudentClass = new StudentClass();
    //通过索引器，把 firstStudent 对象存储到 firstStudentClass 的 students 数组中
    //其序号为 0
    firstStudentClass[0] = firstStudent;
    //通过索引器，把 anotherStudent 对象存储到 firstStudentClass 的 students 数组中
    //其序号为 1
    firstStudentClass[1] = anotherStudent;

    Student getedStudent;
    //通过索引器，获取 firstStudentClass 中 students 数组的第 1 号元素，
    //即 anotherStudent
    getedStudent = firstStudentClass[1];
    //显示 getedStudent 相关信息，getedStudent 实际上就是 anotherStudent
    Console.WriteLine("{0}号学生{1}出生日期是：{2}", getedStudent.StudentID,
                        getedStudent.Name, getedStudent.BirthDay);
    //通过索引器,获取 firstStudentClass 中 students 数组的第 0 号元素,即 firstStudent
    getedStudent = firstStudentClass[0];
    //显示 getedStudent 相关信息，getedStudent 实际上就是 firstStudent
    Console.WriteLine("{0}号学生{1}出生日期是：{2}", getedStudent.StudentID,
                               getedStudent.Name, getedStudent.BirthDay);

    //等待用户输入，程序暂停，以查看输出结果
    Console.WriteLine("请按回车结束程序");
    Console.ReadLine();
}
```

程序执行结果如下：

```
0962102 号学生张飞出生日期是：1992-3-15 0:00:00
0962101 号学生关羽出生日期是：1990-1-2 0:00:00
请按回车结束程序
```

5.5 方法定义及调用

1. 定义方法

在现实世界中，每位学生都有一定的行为能力。在程序中，对应定义的类，如果只能保存字段的数据，那么所有的数据处理都不方便实现。C#中的类提供了处理数据的功能，类的数据处理都通过类中的方法实现。方法是包含一系列语句的代码块。作为数据处理的结果，类中的方法有时还可以有返回值，以传递数据处理的结果。

方法是通过指定访问级别（访问控制符）、返回值、方法名称和参数（统称为方法的“签名”）在类或结构中声明的。方法参数写在括号中，每个参数需要指明对应的数据类型，并用逗号隔开，参数名必须符合标识符命名规范。方法参数列表中的参数数量不同、参数数据类型不同都将被认为是不同的参数列表，只有参数名称不同而其他相同的参数列表将被认为是相同的参数列表。空括号表示方法不需要参数。

在类中定义方法的基本语法格式为：

```
方法的访问控制符　返回值类型　方法名(参数列表)
{
//方法体，即方法中处理数据的实现过程
//如果需要还可以有返回值
}
```

方法名必须符合 C#中有关标识符的命名规范，一般由方法所完成功能的英文单词组成，各英文单词的首字母大写，推荐遵循代码规范化要求来设计方法名。方法定义的位置与类中的字段、属性和索引器一样，都在类的直接内部。

方法可以向调用方返回值。如果返回类型（方法名称前列出的类型）不是 void，则方法可以使用 return 关键字来返回值。如果 return 关键字后面是与返回类型匹配的值，则将该值返回给方法调用方。如果返回类型为 void，则可以使用没有返回值的 return 语句来停止方法的执行。如果没有 return 关键字，方法执行到代码块末尾才停止。若要使用从方法返回的值，可以把返回值当作同类型的变量使用，还可以将返回值赋给另一个变量。

以下示例在【例 5-8】的基础上，为 Student 类定义了 ShowMessage 方法，以提供每个学生对象显示自身基本信息的行为能力。

【例 5-9】 定义类中的方法，实现学生对象显示自身基本信息。

```
//Ch05_09.cs
public class Student
{
   //【例 5-8】中原有字段和属性

   /// <summary>
   /// 显示学生基本信息
   /// </summary>
   public void ShowMessage()
```

```
    {
        Console.WriteLine("{0}的基本信息：", name);
        Console.WriteLine("学号：{0}", studentID);
        Console.WriteLine("身份证号：{0}", id);
        Console.WriteLine("出生日期：{0}", birthDay);
        Console.WriteLine("电话号码：{0}", phone);
        Console.WriteLine("------------------");
    }
}
```

其中 ShowMessage 就是显示学生基本信息的方法，此方法没有返回值，参数列表为空。

以下示例在【例 5-9】的基础上，在 StudentClass 类中添加了显示指定学号的学生基本信息的方法。

【例 5-10】 定义 StudentClass 类中的方法，以显示指定学号的学生基本信息。

```
//Ch05_10.cs
public class StudentClass
{
    //【例 5-9】中原有代码

    /// <summary>
    /// 显示指定学号的学生基本信息，如果没有找到指定学生则什么也不做
    /// </summary>
    /// <param name="studentId">学号</param>
    public void ShowStudentMessageByStudentId(string studentId)
    {
        //遍历学生数组，查找指定学号对应的学生
        foreach (Student curStudent in students)
        {
            //如果当前学生对象不为空，则判断当前对象是否为要找的对象
            if (curStudent != null)
            {
                //如果当前学生为要找的学生
                if (curStudent.StudentID.Trim().CompareTo(studentId.Trim()) == 0)
                {
                    //显示学生基本信息
                    Console.WriteLine("{0}的基本信息：", curStudent.Name);
                    Console.WriteLine("学号：{0}", curStudent.StudentID);
                    Console.WriteLine("身份证号：{0}", curStudent.ID);
                    Console.WriteLine("出生日期：{0}", curStudent.BirthDay);
                    Console.WriteLine("电话号码：{0}", curStudent.Phone);
                    Console.WriteLine("-----------");
                    //结束遍历操作，跳出 foreach 代码块
                    break;
                }
```

```
            }
        }
    }
}
```

方法定义后需要添加相应注释。在【例 5-10】中，“<summary>”部分是对方法的功能描述，“<param name="studentId">学号</param>”中的“param”是方法的参数，“studentId”是针对参数名为“studentId”的参数的说明。此外，还有返回值“<return>”等部分的注释，将在以后的代码中举例说明。

以下示例在【例 5-10】的基础上，在 StudentClass 类中添加了查找指定学号的学生对象的方法。

【例 5-11】 定义 StudentClass 类中的方法，以查找指定学号的学生对象。

```
//Ch05_11.cs
public class StudentClass
{
    //【例 5-10】中原有代码

    /// <summary>
    /// 查找指定学号的学生
    /// </summary>
    /// <param name="studentId">学号</param>
    /// <returns>如果找到对应学号的学生，则返回找到对象，否则返回 null</returns>
    public Student FindStudentByStudentId(string studentId)
    {
        //遍历学生数组，查找指定学号对应的学生
        foreach (Student curStudent in students)
        {
            //如果当前学生对象不为空，则判断当前对象是否为要找的对象
            if (curStudent != null)
            {
                //如果当前学生为要找的学生
                if (curStudent.StudentID.Trim().CompareTo(studentId.Trim()) == 0)
                {
                    //通过 return 语句结束方法执行
                    return curStudent;
                }
            }
        }

        //如果遍历完还没有找到对应学号，表示没有要找的学生对象，返回 null
        return null;
    }
}
```

在【例 5-11】中，方法指定返回值类型为 Student，则在方法返回时，必须指定返回值。返回值只能是两种类型，一种为 Student 类型的对象，另一种为 null。

2. 调用方法

在【例 5-10】改成【例 5-11】的过程中，可以发现方法 ShowStudentMessageByStudentId 中包括 FindStudentByStudentId 方法的全部代码。为了提高程序的可维护性，相同的代码在程序中应该只出现一次，即可以在方法 ShowStudentMessageByStudentId 中调用 FindStudentByStudentId 方法已实现的功能。

在 C#中，应用已完成的代码是通过调用对象的方法实现的。调用方法时，通过“.”运算符实现，其语法格式为：

```
对象.方法名(参数列表)
```

其中，参数列表根据方法定义时的要求，传递对应数量和数据类型的参数值，称为“实参”。实参可以是数值，也可以是对象。

在调用方法时，实参与形参不是按参数名称进行传递，而是按参数列表从左到右一一结合，所有对应的实参和形参必须是对应的数据类型。

以下示例在【例 5-11】的基础上，在 StudentClass 类中调用 FindStudentByStudentId 方法，实现代码重构，相应地修改主函数，以显示指定学号的学生基本信息。

【例 5-12】 修改 StudentClass 类中的代码，重构代码，并显示指定学号的学生信息。

在【例 5-11】的基础上修改 StudentClass 类中的 ShowStudentMessageByStudentId 方法体如下所示，完成代码重构：

```
//Ch05_12.cs
public void ShowStudentMessageByStudentId(string studentId)
{
  //查找指定学号的学生
  Student foundStudent = FindStudentByStudentId(studentId);

  //如果找到学生，则显示学生信息
  if (foundStudent != null)
  {
    //调用学生对象的 ShowMessage 方法来显示其信息
    foundStudent.ShowMessage();
  }
  else
  {
    Console.WriteLine("没有对应学号的学生");
  }
}
```

在【例 5-11】的基础上修改主函数，按要求显示指定学号的学生信息。

```
static void Main(string[] args)
{
```

```
    //声明Student类的对象
    Student firstStudent;
    firstStudent = new Student();
    firstStudent.Name = "关羽";
    firstStudent.BirthDay = new DateTime(1990, 1, 2);
    firstStudent.StudentID = "0962101";

    //声明另一Student类的对象
    Student anotherStudent;
    anotherStudent = new Student();
    anotherStudent.BirthDay = new DateTime(1992, 3, 15);
    anotherStudent.Name = "张飞";
    anotherStudent.StudentID = "0962102";

    //声明并创建学生班级对象
    StudentClass firstStudentClass = new StudentClass();
    firstStudentClass[0] = firstStudent;
    firstStudentClass[1] = anotherStudent;

    //调用firstStudentClass对象的方法显示指定学号的学生信息
    //显示学号为“0962101”的学生的基本信息
    firstStudentClass.ShowStudentMessageByStudentId("0962101");
    //显示学号为“0962102”的学生的基本信息
    firstStudentClass.ShowStudentMessageByStudentId("0962102");

    //等待用户输入，程序暂停，以查看输出结果
    Console.WriteLine("请按回车结束程序");
    Console.ReadLine();
}
```

程序执行结果如下：

```
关羽的基本信息:
学号：0962101
身份证号:
出生日期：1990-1-2 0:00:00
电话号码:
----------------------
张飞的基本信息:
学号：0962102
身份证号:
出生日期：1992-3-15 0:00:00
电话号码:
----------------------
请按回车结束程序
```

通过方法的定义和调用，可以在只编写一次代码的情况下，多次使用代码，使程序开发工作量更小，更好维护。因为在需要修改方法实现的功能时，只修改方法体中的代码即可。

5.6 值类型与引用类型

1. 值类型与引用类型

在进行赋值和传递时，C#的数据类型可以分为两种：值类型和引用类型。

值类型包括内置值类型、用户定义的值类型以及枚举类型。C#中的基本数据类型都是值类型。值类型在赋值时，仅仅把变量的值复制后设置到被赋值变量中，两个变量之间不再有联系。

以下示例代码中，修改 y 变量的值将不会影响 x 变量的值。

```
int x;
int y = 10;
x = y;//变量 y 的值被赋值给变量 x
Console.WriteLine("x 的值是：{0}，y 的值是：{1}", x, y);
y = 20;//修改变量 y 的值，不会影响变量 x 的值
Console.WriteLine("x 的值是：{0}，  y 的值是：{1}", x, y);
```

程序执行结果如下：

```
x 的值是：10，y 的值是：10
x 的值是：10，y 的值是：20
```

引用类型包括接口、类以及数组。引用类型变量赋值的是对象的引用，而不是复制对象的值，赋值后，两个变量对应的对象是同一个对象。

以下代码是在【例 5-12】的基础上编写的，修改 secondStudent 变量的 Name 属性后，firstStudent 变量的 Name 属性值也自动和 secondStudent 变量的 Name 属性的新值相同。

```
    Student firstStudent = new Student();
    firstStudent.Name = "张飞";
    firstStudent.StudentID = "0962102";

    //secondStudent 和 firstStudent 引用同一对象
    Student secondStudent = firstStudent;
    Console.WriteLine("修改 firstStudent 变量的 Name 属性前：");
    Console.WriteLine("{0}号学生是：{1}", firstStudent.StudentID, firstStudent.
Name);
    Console.WriteLine("{0}号学生是：{1}", secondStudent.StudentID,
                                         secondStudent.Name);

    //修改 firstStudent 的 Name 属性也同时修改了 secondStudent 的 Name 属性值
    firstStudent.Name = "关羽";
```

```
    Console.WriteLine("修改 firstStudent 变量的 Name 属性后：");
    Console.WriteLine("{0}号学生是：{1}", firstStudent.StudentID, firstStudent.
Name);
    Console.WriteLine("{0}号学生是：{1}", secondStudent.StudentID,
                                    secondStudent.Name);
```

程序执行结果如下：

```
修改 firstStudent 变量的 Name 属性前：
0962102 号学生是：张飞
0962102 号学生是：张飞
修改 firstStudent 变量的 Name 属性后：
0962102 号学生是：关羽
0962102 号学生是：关羽
```

在修改变量所指向的对象后，变量之间可能不再有关系。

在上例的基础上，以下代码展示了修改 firstStudent 变量引用的对象后，再次修改 firstStudent 变量的属性值不会影响 secondStudent 变量的对应属性。

```
    Student firstStudent = new Student();
    firstStudent.Name = "张飞";
    firstStudent.StudentID = "0962102";

    //secondStudent 和 firstStudent 引用同一对象
    Student secondStudent = firstStudent;
    Console.WriteLine("修改 firstStudent 变量的 Name 属性前：");
    Console.WriteLine("{0}号学生是：{1}", firstStudent.StudentID, firstStudent.
Name);
    Console.WriteLine("{0}号学生是：{1}", secondStudent.StudentID,
                                    secondStudent.Name);

    //修改 firstStudent 的 Name 属性也同时修改了 secondStudent 的 Name 属性值
    firstStudent.Name = "关羽";
    Console.WriteLine("修改 firstStudent 变量的 Name 属性后：");
    Console.WriteLine("{0}号学生是：{1}", firstStudent.StudentID, firstStudent.
Name);
    Console.WriteLine("{0}号学生是：{1}", secondStudent.StudentID,
                                    secondStudent.Name);

    //修改 firstStudent 变量引用的对象
    firstStudent = new Student();
    firstStudent.Name = "赵子龙";
    firstStudent.StudentID = "0962103";

    Console.WriteLine("修改 firstStudent 变量引用的对象后：");
    Console.WriteLine("{0}号学生是：{1}", firstStudent.StudentID, firstStudent.
```

```
Name);
    Console.WriteLine("{0}号学生是：{1}", secondStudent.StudentID,
                                       secondStudent.Name);
```

程序执行结果如下：

```
修改 firstStudent 变量的 Name 属性前：
0962102 号学生是：张飞
0962102 号学生是：张飞
修改 firstStudent 变量的 Name 属性后：
0962102 号学生是：关羽
0962102 号学生是：关羽
修改 firstStudent 变量引用的对象后：
0962103 号学生是：赵子龙
0962102 号学生是：关羽
```

2. 装箱与拆箱

Object 类型在.NET Framework 中是对象的别名。在 C#的统一类型系统中，所有类型（预定义类型、用户定义类型、引用类型和值类型）都是直接或间接从 Object 继承的。可以将任何类型的值赋给 Object 类型的变量。在应用过程中，简单数据类型也可以转化为 Object 类型，转化过程称为装箱；反之，从装箱以后的变量中提取出值类型的过程称为拆箱。

以下代码把 valueType 变量装箱后放到 referenceType 变量中：

```
int valueType = 0;
object referenceType = valueType;//装箱
```

以下代码则对上例中已装箱的对象进行拆箱操作：

```
int unBoxing = (int)referenceType;//拆箱，按 int 类型进行数据提取
```

需要特别指出的是，在拆箱操作中，如果装箱过程的原数据类型与拆箱过程预期的数据类型不兼容，在编译过程中虽没有语法错误，但运行时将抛出异常，如下例所示：

```
string valueType = "abc";
object referenceType = valueType;//装箱，原始数据不能转化为 int 类型
int unBoxing = (int)referenceType;//拆箱，按 int 类型进行数据提取，运行时将抛出异常
```

此外，由于装箱和拆箱比较耗费 CPU 资源，所以应尽可能避免装箱与拆箱操作，在程序开发过程中密切注意变量的数据类型。

5.7 参数的传递

方法在调用时，实参将把值赋值给形参，这个过程称为实参与形参的结合。在赋值过程中，根据变量是值类型还是引用类型，分为按值传递和按引用传递。

1. 按值传递

向方法传递值类型变量意味着向方法传递变量的一个副本。方法内发生的对参数的更改对该变量中存储的原始数据无任何影响。

以下示例通过值将变量 n 传递给方法 SquareIt，方法内发生的任何更改对变量的原始值无任何影响。

【例 5-13】 按值传递方式调用方法。

```
//Ch05_13.cs
class PassingValByVal
{
   /// <summary>
   /// 按值传递方式传递值到参数 x，方法对 x 值的修改不影响实参的值
   /// </summary>
   /// <param name="x">按值传递的参数</param>
   static void SquareIt(int x)                //static 的用法请参见 5.10 节静态成员
   {
     x *= x;
     System.Console.WriteLine("方法内的 x 变量值为：{0}",  x);
   }
   static void Main()
   {
     int n = 5;
     System.Console.WriteLine("调用方法前 n 的值为：{0}",  n);

     SquareIt(n);  //按值传递方式调用方法
     System.Console.WriteLine("调用方法后 n 的值为：{0}",  n);
   }
}
```

程序执行结果为：

```
调用方法前 n 的值为：5
方法内的 x 变量值为：25
调用方法后 n 的值为：5
```

2. 按引用传递

当传递引用类型的参数时，有可能更改引用所指向的数据，如某类成员的值，但是无法更改引用本身的值。也就是说，不能使用相同的引用为新类分配内存并使之在块外保持。

以下示例通过传递引用类型参数将数组 arr 传递给方法 Change，方法内对数组 pArray 元素的修改同样会影响方法外的 arr 数组。

【例 5-14】 按引用传递方式调用方法。

```
//Ch05_14.cs
```

```
class PassingValByRef
{
  /// <summary>
  /// 按引用方式传递参数，方法内对数组元素的修改将影响外部的原始数组
  /// </summary>
  /// <param name="pArray">数组为引用类型</param>
  static void Change(int[] pArray)
  {
    pArray[0] = 888;   //修改元素值将影响原始数据值
    Console.WriteLine("方法内 0 号元素值为：{0}", pArray[0]);
  }

  static void Main()
  {
    int[] arr = { 1, 4, 5 };
    Console.WriteLine("调用方法前数组 0 号元素的值为：{0}", arr[0]);
    Change(arr);
    Console.WriteLine("调用方法后数组 0 号元素的值为：{0}", arr[0]);
  }
}
```

程序执行结果为：

```
调用方法前数组 0 号元素的值为：1
方法内 0 号元素值为：888
调用方法后数组 0 号元素的值为：888
```

在方法内部，如果修改变量本身引用的对象，则方法内对引用变量的修改不会影响方法外的原始变量的所有数据。

以下示例通过引用传递将数组 arr 传递给方法 ChangeArray，方法内对数组 pArray 自身进行修改，则对数组 pArray 元素的修改不会影响方法外的 arr 数组。

【例 5-15】 按引用传递方式调用方法，修改方法内的变量引用的对象。

```
//Ch05_15.cs
class PassingValByRef
{
  /// <summary>
  /// 按引用方式传递参数，方法内对数组变量引用其他对象，则修改数组元素不影响原始数组
  /// </summary>
  /// <param name="pArray"></param>
  static void ChangeArray(int[] pArray)
  {
    Console.WriteLine("修改 pArray 引用的对象前，pArray[0]的值为：{0}",
                           pArray[0].ToString());
    pArray = new int[3];
```

```
    pArray[0] = 888;
    Console.WriteLine("修改 pArray 引用的对象后，pArray[0]的值为：{0}",
                      pArray[0].ToString());
  }

  static void Main()
  {
    int[] arr = { 1, 4, 5 };
    Console.WriteLine("调用方法前数组 0 号元素的值为：{0}", arr[0]);
    ChangeArray(arr);
    Console.WriteLine("调用方法后数组 0 号元素的值为：{0}", arr[0]);
  }
}
```

程序执行结果为：

```
调用方法前数组 0 号元素的值为：1
修改 pArray 引用的对象前，pArray[0]的值为：1
修改 pArray 引用的对象后，pArray[0]的值为：888
调用方法后数组 0 号元素的值为：1
```

3. 使用 ref 传递参数

在调用方法时，如果需要实现在方法内修改值类型变量后能自动影响原始变量值，或者在方法内修改变量引用的对象后，方法外的变量仍能自动引用方法体内的新对象，可以明确地使用 ref 关键字来声明方法。

在方法签名的参数列表中，需要在使用 ref 方式传递的参数前加上 ref 关键字；在调用方法时，对应的实参前也加上 ref 关键字即可。

以下示例在【例 5-13】的基础上，使用 ref 关键字，把值类型的参数传递方式改变成按引用方式传递参数的效果。通过将变量 n 传递给方法 SquareItRef，方法内发生的更改将对变量的原始值产生影响。

【例 5-16】 按值传递方式调用方法。

```
//Ch05_16.cs
class PassingValByVal
{
  /// <summary>
  /// 应用 ref 关键字，以值类型传递参数 x，方法内对 x 值的修改将影响实参的值
  /// </summary>
  /// <param name="x">按值传递的参数</param>
  static void SquareItRef(ref int x)
  {
    x *= x;
    System.Console.WriteLine("方法内的 x 变量值为：{0}", x);
  }
```

```
    static void Main()
    {
        int n = 5;
        Console.WriteLine("调用方法前 n 的值为：{0}", n);
        SquareItRef(ref n);   //按值传递方式调用方法
        Console.WriteLine("调用方法后 n 的值为：{0}", n);

        //等待用户输入，程序暂停，以查看输出结果
        Console.WriteLine("请按回车结束程序");
        Console.ReadLine();
    }
}
```

程序执行结果为：

```
调用方法前 n 的值为：5
方法内的 x 变量值为：25
调用方法后 n 的值为：25
```

以下示例在【例 5-15】的基础上，在引用类型参数前使用 ref 关键字，则方法内的形参引用新的对象后，原始参数也将引用新的对象。

【例 5-17】 引用类型参数使用 ref 关键字。

```
//Ch05_17.cs
class PassingValByRef
{
    /// <summary>
    /// 对引用类型参数使用 ref 关键字，方法内对数组变量引用其他对象，则原始数组也引用新对象
    /// </summary>
    /// <param name="pArray"></param>
    static void ChangeArrayByRef(ref int[] pArray)
    {
        Console.WriteLine("修改 pArray 引用的对象前，pArray[0]的值为：{0}",
                                pArray[0].ToString());
        pArray = new int[3];
        pArray[0] = 888;
        Console.WriteLine("修改 pArray 引用的对象后，pArray[0]的值为：{0}",
                                pArray[0].ToString());
    }

    static void Main()
    {
        int[] arr = { 1, 4, 5 };
        Console.WriteLine("调用方法前数组 0 号元素的值为：{0}", arr[0]);
        ChangeArrayByRef(ref arr);
        Console.WriteLine("调用方法后数组 0 号元素的值为：{0}", arr[0]);
```

```
    }
}
```

程序执行结果为：

```
调用方法前数组 0 号元素的值为：1
修改 pArray 引用的对象前，pArray[0]的值为：1
修改 pArray 引用的对象后，pArray[0]的值为：888
调用方法后数组 0 号元素的值为：888
```

4．使用 out 传递参数

在某些情况下，在调用方法前无法确定对象，而是在访问体中创建新的对象，此时可以使用 out 关键字。out 关键字的使用方法及应用效果与 ref 关键字基本一致，但 ref 关键字的参数在使用前需要初始化，而 out 关键字对应的参数可以不初始化。

以下示例在【例 5-16】的基础上，在值类型参数前使用 out 关键字，则方法内对参数值的修改将影响原始参数的值。

【例 5-18】 值类型参数使用 out 关键字。

```
//Ch05_18.cs
class PassingValByVal
{
  /// <summary>
  /// 使用 out 关键字，以值类型传递参数 x，方法内对 x 值的修改将影响实参的值
  /// </summary>
  /// <param name="x">out 类型的值参数</param>
  static void SquareIntOut(out int x)
  {
    x = 10;     //out 关键字修饰的参数在函数内部必须赋值
    System.Console.WriteLine("方法内的 x 变量值为：{0}", x);
  }
  static void Main()
  {
    int n ;       //out 关键字修饰的参数可以不初始化
    // Console.WriteLine("调用方法前 n 的值为：{0}", n);
    SquareIntOut(out n);  //按值传递方式调用方法
    Console.WriteLine("调用方法后 n 的值为：{0}", n);
  }
}
```

程序执行结果为：

```
方法内的 x 变量值为：10
调用方法后 n 的值为：10
```

以下示例在【例 5-17】的基础上，在引用类型参数前使用 out 关键字，则调用方法前实参可以不初始化，方法内设置形参引用新的对象后，原始参数也将引用新的对象。

【例 5-19】 引用类型参数使用 out 关键字。

```
//Ch05_19.cs
class PassingValByRef
{
  /// <summary>
  /// 对引用类型参数使用 out 关键字，方法内对数组变量进行初始化，则原始数组也引用新对象
  /// </summary>
  /// <param name="pArray">未初始化的参数</param>
  static void ChangeArrayByOut(out int[] pArray)
  {
    pArray = new int[3];
    pArray[0] = 888;
    Console.WriteLine("pArray 初始化后，pArray[0]的值为：{0}",
                       pArray[0].ToString());
  }

  static void Main()
  {
    int[] arr = null;
    ChangeArrayByOut(out arr);
    Console.WriteLine("调用方法后数组 0 号元素的值为：{0}", arr[0]);
  }
}
```

程序执行结果为：

```
pArray 初始化后，pArray[0]的值为：888
调用方法后数组 0 号元素的值为：888
```

out 关键字除了用于方法体内对变量的修改影响原始变量的情况，在被调用方法内有多个数据或结果需要传递回调用函数时，除了一个数据或结果可以通过返回值的形式返回，其余数据或结果可以用 out 关键字来输出。

5.8 变量的作用域

在上一节中需要设法把被调用方法内对形参值的修改结果传递回调用方法内，是由于在调用方法内不能直接访问形参变量，因为变量的作用域有一定范围。

程序元素的作用域是指可以引用该程序元素的代码区域。类、接口以及类内的方法、字段、属性等的作用域将在后续介绍访问控制符的内容中讲解，本节主要讲解变量的作用域。

C#中变量的作用域主要分为代码块变量、方法内部变量以及类的字段。

1. 代码块变量

代码块变量是指变量只在一个代码块内有效。

C#的代码块一般指一对“{”和“}”内的代码集合，例如 for、foreach 等语句结构后面的代码集合都可以称为代码块。

在一个代码块中声明的变量只在本代码块内部有效。代码块外部不能访问代码块变量。

以下代码中 for 循环的循环变量 i，在循环结束的“}”后将不再能被访问。

```
int sum = 0;
//此处以前不能访问变量 i，因为还未声明
for (int i = 0; i < 5; i++)
{
  //代码块内 i 可以访问
  sum += i;
}
//此后变量 i 不能访问，因为 i 是代码块变量
```

以下代码中的第一个变量 i 可以正常访问，第二个变量 i 无法访问。

```
{
  int i = 10;   //i 从此处开始有效
  Console.WriteLine("第一个代码块内声明的变量，值为：{0}", i.ToString());
  for(………)
  {
    //以下变量 i 将引起语法错误，因为本代码块被包含在外侧的代码块中，前面已有同名变量 i
    //int i = 30;
  }
}        //i 到此处失效
```

2. 方法内变量

方法内变量是在方法内部声明的变量，此类变量的作用域从声明变量处开始到方法返回时结束，最具代表性的就是方法的形参。从某种意义而言，方法也可以被看作是一个代码块。

方法内变量的示例可参见上一节中有关参数传递的示例。

3. 类的字段

类内声明的字段在其所在类的所有范围内都可以访问，有时还包括其他范围，将在介绍访问控制符时进一步讨论。

类的字段名称可以和方法内变量或者代码块变量同名，但是，在方法内变量或代码块变量与字段同名的范围内，直接引用变量名只能访问到方法内变量或代码块变量；如果需要访问字段，则需要加上关键字“this”并使用“.”运算符，以“this.字段名”的形式来特指当前对象自身的字段。

以下示例说明了方法内变量或代码块变量与字段同名时的运行情况。

【例 5-20】 方法参数或代码块变量与字段同名。

```
//Ch05_20.cs
class MathClass
```

```
{
    /// <summary>
    /// 字段变量
    /// </summary>
    private int i = 10;

    /// <summary>
    /// 方法参数与字段同名
    /// </summary>
    /// <param name="i">参数</param>
    public void DemoFunction(int i)
    {
        //当方法参数或者代码块变量与字段同名时，
        //方法参数或者代码块变量屏蔽了字段

        //显示两个同名变量的值
        Console.WriteLine("方法的参数 i 的值为：{0}", i.ToString());
        Console.WriteLine("字段 i 的值为：{0}", this.i.ToString());
        Console.WriteLine("---------------");

        //修改方法参数的值
        i = 20;
        Console.WriteLine("修改参数 i 的值为 20");
        Console.WriteLine("方法的参数 i 的值为：{0}", i.ToString());
        Console.WriteLine("字段 i 的值为：{0}", this.i.ToString());
        Console.WriteLine("---------------");

        //修改字段的值
        this.i = 30;
        Console.WriteLine("修改字段 i 的值为 30");
        Console.WriteLine("方法的参数 i 的值为：{0}", i.ToString());
        Console.WriteLine("字段 i 的值为：{0}", this.i.ToString());
        Console.WriteLine("---------------");
    }
}
```

在主函数中添加代码：

```
MathClass m = new MathClass();
m.DemoFunction(40);
```

程序执行结果为：

```
方法的参数 i 的值为：40
字段 i 的值为：10
------------------------
```

```
修改参数 i 的值为 20
方法的参数 i 的值为：20
字段 i 的值为：10
------------------------
修改字段 i 的值为 30
方法的参数 i 的值为：20
字段 i 的值为：30
------------------------
```

5.9 构造函数

1. 构造函数

每个类都会显式或隐式地包含一个构造函数。构造函数是一种特殊的方法，用来实现对象的初始化。当使用 new 关键字创建对象时就会调用构造函数，构造函数通常用来为字段赋值。构造函数使用与其所属类相同的名称来定义，在类实例化时由 CLR 自动调用。构造函数没有返回值。

构造函数的一般语法格式为：

```
访问控制符　构造函数名(参数列表)
{
  //构造函数的方法体
}
```

以下示例是在【例 5-12】的基础上，为 Student 类创建构造函数。

【例 5-21】 创建 Student 类的构造函数。

```
//Ch05_21.cs
public class Student
{
  #region 构造函数
  /// <summary>
  /// 无参构造函数
  /// </summary>
  public Student()
  {
    Console.WriteLine("创建一个学生对象");
  }
  #endregion
//【例 5-12】原有代码
}
```

修改原有主函数，删除原有代码，添加以下代码：

```
static void Main(string[] args)
{
```

```
    Student firstStudent = new Student();

    //等待用户输入，程序暂停，以查看输出结果
    Console.WriteLine("请按回车结束程序");
    Console.ReadLine();
}
```

程序执行结果为：

```
创建一个学生对象
请按回车结束程序
```

在创建 firstStudent 对象时，程序调用了 Student 类的构造函数。

2. 构造函数重载

一个类的构造函数可以有多个，称为构造函数的重载。

当定义两个或多个具有相同名称的方法时，就称为重载。例如 Console.Write()方法就有 18 个重载方法。在后续内容 6.3 节中进一步讨论重载。

由于在一些特殊情况下会自动调用类的默认构造函数，所以除非特殊情况要求，否则，在明确提供了一个非默认构造函数后，必须明确提供一个默认构造函数。如果需要禁止默认构造函数，一般先构造默认构造函数再注释掉，并通过注释说明原因。

以下示例在【例 5-21】的基础上添加了重载 Student 类的构造函数。

【例 5-22】 重载 Student 类的构造函数。

修改 Student 类的代码为：

```
//Ch05_22.cs
public class Student
{
    /// <summary>
    /// 无参构造函数，又称默认构造函数
    /// </summary>
    public Student()
    {
        Console.WriteLine("使用默认构造函数创建一个学生对象");
    }

    /// <summary>
    /// 带参数的构造函数
    /// </summary>
    /// <param name="studentId">学号</param>
    /// <param name="name">姓名</param>
    public Student(string studentId, string name)
    {
        this.studentID = studentId;
        this.name = name;
```

```
    Console.WriteLine("使用带两个参数的构造函数创建一个学生对象");
  }

  /// <summary>
  /// 带参数的构造函数
  /// </summary>
  /// <param name="studentId">学号</param>
  /// <param name="name">姓名</param>
  /// <param name="birthday">出生日期</param>
  public Student(string studentId, string name, DateTime birthday)
  {
    this.studentID = studentId;
    this.name = name;
    this.birthDay = birthday;
    Console.WriteLine("使用带三个参数的构造函数创建一个学生对象");
  }
}
```

修改主函数代码为：

```
static void Main(string[] args)
{
  //自动调用默认构造函数
  Student firstStudent = new Student();
  firstStudent.ShowMessage();
  //调用对应参数列表的构造函数
  Student secondStudent = new Student("0962101", "关羽",
new DateTime(1990, 1, 2));
  secondStudent.ShowMessage();

  //等待用户输入，程序暂停，以查看输出结果
  Console.WriteLine("请按回车结束程序");
  Console.ReadLine();
}
```

程序执行结果为：

```
使用默认构造函数创建一个学生对象
的基本信息：
学号：
身份证号：
出生日期：0001-1-1 0:00:00
电话号码：
----------------------
使用带三个参数的构造函数创建一个学生对象
关羽的基本信息：
```

```
学号：0962101
身份证号：
出生日期：1990-1-2 0:00:00
电话号码：
----------------------
```

3. 指定初始值设定项

当有多个构造函数时，这些构造函数初始化的方式常常很相似。如果在每个构造函数中都编写这些相似的代码，则违背了相同代码只编写一次的原则。因此，可以将共同的代码集中放在一个构造函数中，然后在其他构造函数中调用。在【例 5-22】中，调用默认构造函数创建的 Student 对象，由于没有进行明确的字段初始化，显示的信息为空；调用带三个参数的构造函数创建的 Student 对象，身份证号也为空，因为对象创建时会自动将简单数据类型的字段设置为对应类型的默认值，而复杂数据类型的字段则自动设置为 null。为此，可以应用这一原则，为创建的对象设置重要的字段信息，但在多个构造函数中都需要用到这些初始化代码。

通过使用关键字 this，可以调用类中定义的一个特定构造函数。使用方法是把 this 关键字添加到构造函数声明中，即可调用与对应参数列表匹配的构造函数。

以下示例在【例 5-22】的基础上添加代码，实现在 Student 类的构造函数中调用其他构造函数。

【例 5-23】 Student 类的构造函数调用本类的其他构造函数。

在【例 5-22】基础上修改 Student 类的代码如下所示：

```
//Ch05_23.cs
public class Student
{
    // 【例 5-22】中原有代码

    #region 构造函数
    /// <summary>
    /// 无参构造函数，又称默认构造函数
    /// </summary>
    public Student()
    {
      Console.WriteLine("使用默认构造函数创建一个学生对象");
      this.studentID = "未指定学号";
      this.name = "未指定姓名";
      this.phone = "未指定电话号码";
      this.id = "未指定身份证信息";
      this.birthDay = new DateTime(1990, 1, 1);
    }

    /// <summary>
    /// 带两个参数的构造函数
```

```
        /// </summary>
        /// <param name="studentId">学号</param>
        /// <param name="name">姓名</param>
        public Student(string studentId, string name) : this()
        {
          this.studentID = studentId;
          this.name = name;
          Console.WriteLine("使用带两个参数的构造函数创建一个学生对象");
        }

        /// <summary>
        /// 带三个参数的构造函数
        /// </summary>
        /// <param name="studentId">学号</param>
        /// <param name="name">姓名</param>
        /// <param name="birthday">出生日期</param>
        public Student(string studentId, string name, DateTime birthday) :
this(studentId, name)
        {
          this.birthDay = birthday;
          Console.WriteLine("使用带三个参数的构造函数创建一个学生对象");
        }
        #endregion
    }
```

主函数保持不变。

程序执行结果如下：

```
使用默认构造函数创建一个学生对象
未指定姓名的基本信息：
学号：未指定学号
身份证号：未指定身份证信息
出生日期：1990-1-1 0:00:00
电话号码：未指定电话号码
----------------------
使用默认构造函数创建一个学生对象
使用带两个参数的构造函数创建一个学生对象
使用带三个参数的构造函数创建一个学生对象
关羽的基本信息：
学号：0962101
身份证号：未指定身份证信息
出生日期：1990-1-2 0:00:00
电话号码：未指定电话号码
----------------------
```

程序执行结果展示了构造函数的调用过程及执行顺序。

4. readonly 修饰符

在有些特殊情况下，对象中的字段被赋值后就不允许再修改，对应的字段需要使用 readonly 修饰符，可以在声明中赋值，也可以在构造函数中赋值。

此类字段之所以不使用常量，是因为这些字段的值在编写代码和编译程序时不能确定，而是在类或对象初始化时才能确定。

以下示例在【例 5-23】的基础上，修改 Student 类中的身份证号字段和属性，使其只能在对象被创建时赋值，其他地方不能赋值。

【例 5-24】 修改 Student 类的身份证号字段和属性，使用 readonly 修饰符。

```
//Ch05_24.cs
public class Student
{
    // 【例 5-22】中原有代码
    /// <summary>
    /// 身份证号
    /// </summary>
    private readonly string id;
    /// <summary>
    /// 身份证号
    /// </summary>
    public string ID
    {
      get { return id; }
      //set { id = value; }
    }
  }
```

代码中，由于 id 字段使用了 readonly 修饰符，所以只能在构造函数中赋值，其属性 ID 中也不能进行赋值操作，所以必须把 set 访问器删除。

5.10 静态成员

在本章前面的所有示例中，字段、属性、索引器及方法的调用都必须通过“对象名”来实现，类的这种成员称为实例成员，即它们属于某个具体的对象（类的实例）。在某些情况下，同一类的所有对象需要共享数据，此时实例成员就不能满足要求，为此设计了类的静态成员。

静态成员是与类相联系的概念，当需要初始化或提供由类的所有实例共享的数据时，使用静态成员很方便。

由于静态成员属于类而不属于实例，所以它们都是通过类而不是通过类的实例（对象）来访问的。

1. 静态字段

静态字段的声明格式与一般字段一样，只是其修饰符为“static”。

静态字段一般通过类来访问，不能通过实例来访问。

以下示例在【例 5-23】的基础上，添加了一个静态字段 CollegeName，用于记录全校学生共享的校名。

【例 5-25】 修改 Student 类，添加静态字段。

```
//Ch05_25.cs
public class Student
{
    //【例 5-23】原有代码

    /// <summary>
    /// 学校名称
    /// </summary>
    static public string CollegeName;

    /// <summary>
    /// 显示学生基本信息
    /// </summary>
    public void ShowMessage()
    {
      Console.WriteLine("{0}的基本信息：", name);
      Console.WriteLine("就读于：{0}", CollegeName);
      Console.WriteLine("学号：{0}", studentID);
      Console.WriteLine("身份证号：{0}", id);
      Console.WriteLine("出生日期：{0}", birthDay);
      Console.WriteLine("电话号码：{0}", phone);
      Console.WriteLine("-----------");
    }
  }
```

主函数修改为：

```
static void Main(string[] args)
{
  //在创建任何 Student 类型的实例前，可直接通过类设置其静态字段值
  Student.CollegeName = "卡内基梅隆大学";

  //自动调用默认构造函数
  Student firstStudent = new Student();
  firstStudent.ShowMessage();

  //调用对应参数列表的构造函数
```

```
    Student secondStudent = new Student("0962101", "关羽",
new DateTime(1990, 1, 2));
    secondStudent.ShowMessage();

    //等待用户输入，程序暂停，以查看输出结果
    Console.WriteLine("请按回车结束程序");
    Console.ReadLine();
}
```

程序执行结果为：

```
未指定姓名的基本信息：
就读于：卡内基梅隆大学
学号：未指定学号
身份证号：未指定身份证信息
出生日期：1990-1-1 0:00:00
电话号码：未指定电话号码
----------------------
关羽的基本信息：
就读于：卡内基梅隆大学
学号：0962101
身份证号：未指定身份证信息
出生日期：1990-1-2 0:00:00
电话号码：未指定电话号码
----------------------
```

请按回车结束程序

2. 静态属性

正如实例字段可以对应属性一样，静态字段也可以对应静态属性，但静态属性必须访问静态字段的值。

静态属性一般通过类来访问，不能通过实例来访问。

以下示例在【例 5-25】的基础上，修改原有静态字段 CollegeName，并添加对象的静态属性。

【例 5-26】 修改 Student 类，添加静态属性。

```
//Ch05_26.cs
public class Student
{
    //【例 5-23】原有代码

    /// <summary>
    /// 学校名称
    /// </summary>
    static private string collegeName;
```

```
    /// <summary>
    /// 学校名称
    /// </summary>
    static public string CollegeName
    {
      get { return collegeName; }
      set { collegeName = value; }
    }
}
```

代码其余部分不变。

3. 静态方法

类中的方法也可以是静态的，静态方法只能通过类来调用，而不能通过实例来调用。

静态方法的声明和定义与一般方法的声明和定义一样，只是其修饰符为“static”。使用静态修饰符的方法一般是全局有效的，当成员引用或操作的信息是关于类而不是关于类的实例时，这个成员就应该设置成静态成员。

在静态方法中，只能访问类中的静态字段或静态属性等类共享的信息，而不能访问实例数据。

以下示例在【例 5-26】的基础上，添加静态方法来获取全校学生数量。

【例 5-27】 修改 Student 类，添加静态方法来获取全校学生数量。

原有 Student 类的代码修改为如下所示：

```
//Ch05_27.cs
public class Student
{
  //【例 5-26】原有代码
  public Student()
  {
    this.studentID = "未指定学号";
    this.name = "未指定姓名";
    this.phone = "未指定电话号码";
    this.id = "未指定身份证信息";
    this.birthDay = new DateTime(1990, 1, 1);

    //每创建一个学生对象，学生数量加 1
    //由于 Student 的所有构造函数都会调用默认构造函数，因此此处能统计出正确数量
    studentCount++;
  }
  /// <summary>
  /// 全校学生数量
  /// </summary>
  static private int studentCount = 0;
  /// <summary>
  /// 获取全校学生数量
```

```
    /// </summary>
    /// <returns>全校学生数量</returns>
    static public int GetStudentCount ()
    {
        return studentCount;
    }
}
```

主函数修改为：

```
static void Main(string[] args)
{
    //在创建任何 Student 类型的实例前，可直接通过类设置其静态字段值
    Student.CollegeName = "卡内基梅隆大学";

    //自动调用默认构造函数
    Student firstStudent = new Student();
    firstStudent.ShowMessage();

    //调用对应参数列表的构造函数
    Student secondStudent = new Student("0962101", "关羽",
new DateTime(1990, 1, 2));
    secondStudent.ShowMessage();

    Console.WriteLine("全校共有学生：{0}", Student.GetStudentCount(). ToString());

    //等待用户输入，程序暂停，以查看输出结果
    Console.WriteLine("请按回车结束程序");
    Console.ReadLine();
}
```

程序执行结果为：

```
未指定姓名的基本信息：
就读于：卡内基梅隆大学
学号：未指定学号
身份证号：未指定身份证信息
出生日期：1990-1-1 0:00:00
电话号码：未指定电话号码
----------------------
关羽的基本信息：
就读于：卡内基梅隆大学
学号：0962101
身份证号：未指定身份证信息
出生日期：1990-1-2 0:00:00
电话号码：未指定电话号码
```

```
-----------------------
全校共有学生：2
```

4. 静态构造函数

通过构造函数可以初始化类的对象，初始化类本身的构造函数称为静态构造函数。静态构造函数使用“static”修饰符，不能有访问控制符。

静态构造函数不对类的特定实例进行操作，也称为全局构造函数。

静态构造函数不能直接调用，会在第一个实例创建之前和静态方法被调用之前自动执行，并且只执行一次，因此静态构造函数适合初始化类的所有实例都用到的数据。

静态构造函数与静态方法一样，只能访问静态成员。

以下示例在【例 5-27】的基础上，添加静态构造函数。

【例 5-28】 修改 Student 类，添加静态构造函数。

```
//Ch05_28.cs
public class Student
{
  //【例 5-27】原有代码
  static private int studentCount;
  /// <summary>
  /// 全校学生共有的特质
  /// </summary>
  static public string Personality;
  /// <summary>
  /// 静态构造函数，不能有访问控制符
  /// </summary>
  static Student()
  {
    studentCount = 0;
    Personality = "训练有素";
    Console.WriteLine("静态构造函数被调用");
  }
  public Student()
  {
    this.studentID = "未指定学号";
    this.name = "未指定姓名";
    this.phone = "未指定电话号码";
    this.id = "未指定身份证信息";
    this.birthDay = new DateTime(1990, 1, 1);
    studentCount++;
    Console.WriteLine("默认构造函数被调用");
  }
  public Student(string studentId, string name) : this()
  {
```

```
        this.studentID = studentId;
        this.name = name;
        Console.WriteLine("带两个参数的构造函数被调用");
    }
    public Student(string studentId, string name, DateTime birthday) : this
(studentId, name)
    {
        this.birthDay = birthday;
        Console.WriteLine("带三个参数的构造函数被调用");
    }
}
```

程序执行结果为：

```
静态构造函数被调用
默认构造函数被调用
未指定姓名的基本信息：
就读于：卡内基梅隆大学
学号：未指定学号
身份证号：未指定身份证信息
出生日期：1990-1-1 0:00:00
电话号码：未指定电话号码
-----------------------
默认构造函数被调用
带两个参数的构造函数被调用
带三个参数的构造函数被调用
关羽的基本信息：
就读于：卡内基梅隆大学
学号：0962101
身份证号：未指定身份证信息
出生日期：1990-1-2 0:00:00
电话号码：未指定电话号码
-----------------------
全校共有学生：2
```

注意

静态构造函数的自动调用时机。

5.11 内部类和匿名类

1. 内部类

在某些情况下，少数类只在类的内部需要。为了简化对程序的管理，降低程序的复杂性，这些类被声明于类的内部，称为内部类。内部类声明的语法格式与一般类相同。

以下示例声明了一个内部类。

【例5-29】 声明内部类。

```
//Ch05_29.cs
/// <summary>
/// 外部类
/// </summary>
public class OuterClass
{
  /// <summary>
  /// 内部类声明的字段
  /// </summary>
  InnerClass innerField;
  public OuterClass()
  {
    //初始化
    innerField = new InnerClass();
  }
  public void ShowMessage()
  {
    Console.WriteLine("这是在外部类中显示的提示信息");

    innerField.ShowMessage();
  }
  /// <summary>
  /// 内部类
  /// </summary>
  class InnerClass
  {
    public void ShowMessage()
    {
      Console.WriteLine("这是在内部类中显示的提示信息");
    }
  }
}
```

2. 匿名类

匿名类提供了一种方便的方法，将一组只读属性封装到单个对象中，而无须先显式定义一个类型。类型名由编译器生成，并且不能在源代码中使用，属性的类型由编译器推断。

以下示例展示一个分别用两个名为Amount和Message的属性初始化的匿名类。

【例5-30】 使用匿名类。

```
//Ch05_30.cs
```

```
var v = new { Amount = 108, Message = "Hello" };
Console.WriteLine("v.Amount = {0}, v.Message = {1}", v.Amount, v.Message);
```

程序执行结果为：

```
v.Amount = 108, v.Message = Hello
```

本章小结

面向对象（Object-Oriented，OO）是一种有效的软件开发方法，它将数据和对数据的操作看作一个互相依赖、不可分割的整体，符合人们的思维习惯，同时有助于控制软件的复杂度，提高软件的开发效率。因此，面向对象得到了广泛的应用，已成为目前最流行的一种软件开发方法。

习题

1. 填空题

（1）静态构造函数在________前被自动调用，一共执行________次。

（2）readonly 修饰符修饰的字段只能在________或________时进行赋值。

（3）静态成员的修饰符是________。

2. 程序设计题

卡内基·梅隆大学对学生的训练异常严格，课业非常繁重，在普林斯顿每年评选的“学生累得像狗的大学排名”中，从来都位居前几名。根据这一特点，在【例 5-28】的基础上，为学生对象增加一个描述性成员，用于说明所有学生的共同特点：累得像狗，并在显示学生基本信息时显示此特点。

6 Chapter

第 6 章

面向对象的高级应用

本章学习目标

本章主要讲解面向对象的高级应用，重点是理解面向对象的程序设计思想，包括类的继承、多态和接口在实际生活中的应用。通过本章，读者应该掌握以下内容：

1. 掌握 C#中类与对象的概念和面向对象程序设计的方法，包括类、类的继承、多态和接口等。

2. 理解软件项目中类的设计。

3. 了解如何把本章中的概念应用到面向对象应用程序的设计和开发过程中。

6.1 类的继承

继承是面向对象程序设计中的一种重要机制，该机制自动将一个类中的操作和数据结构提供给另一个类，使得程序员可以使用已有类的成分来建立新类。理解面向对象程序设计的关键就是要理解继承。

继承（inheritance）是指一个新类可以从现有的类派生而来。新类继承了现有类的特性，包括属性和行为，并且可以修改或增加新的属性和行为，使之适合具体的需要。继承是面向对象技术能够提高软件开发效率的重要原因之一，其很好地解决了软件的可重用性问题。

图 6-1 展示了生物的类层次。

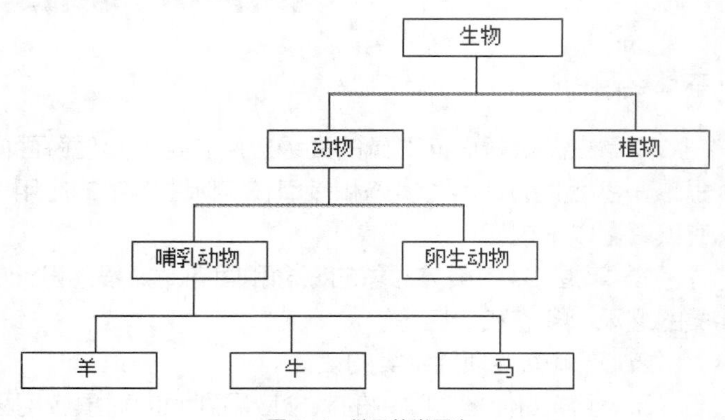

图 6-1　继承的类层次

最顶层的类为基类，是生物类，有动物、植物等子类。生物类就是动物、植物等类的父类。从生物类可以派生出其他类，比如动物、植物等类。动物子类还可以有两个子类：哺乳动物类和卵生动物类，每个类都以动物类作为父类，生物类可以称为它们的祖先类。另外，哺乳动物类又是羊类、牛类和马类这些派生类的父类。图 6-1 中展示了小型的四层次的类，它用继承来派生子类。每个类有且仅有一个父类，所有子类都派生自一个父类。例如，哺乳动物为动物中的一类，马是哺乳动物，动物是生物，马也是生物。每个子类代表父类的特定种类。

继承给出了一种简单地描述事物的方式。比如，描述什么是直升飞机，可以回答：它是一种仅靠螺旋桨提供升力的飞机。这里的直升飞机是飞机类的派生，所以直升飞机是飞机类的一种，直升飞机同时又具有自己的特征，就是仅靠螺旋桨提供升力，是其区别于其他飞机类的属性。由于飞机类的特点众所周知，所以用飞机类来描述直升飞机，只要再列举出直升飞机独有的特点就行了。继承使人们描述事物的能力大大增强和简单化。

C#中允许声明一个新类作为另一个类的派生。派生类（也叫子类）继承其父类的域、属性、方法和接口等，子类也可以声明新的域、属性和方法等，继承使子类可以重用父类的代码，只需专注于子类代码的编写即可。

那些在父类中已经实现的方法，在新的应用中无需修改父类，只需声明其派生类，在子类中做增加和修改。这种机制实现了代码的重用。

现实世界是分类分层的客观存在。继承是人们理解事物、解决问题的常用方法。使用继承可以方便地描述事物的层次关系，帮助人们精确地表述事物，理解事物的本质。一旦掌握了事物所处的层次结构，也就找到了对应的解决办法。

继承使已存在的类在不用修改的情况下就能适应新的应用，掌握 C#面向对象程序设计语言的关键就在于理解继承。

一旦有了基类，就可以在基类的基础上实现一个或多个子类。每个子类都自动拥有基类的所有方法、属性和事件——包括每个方法、属性和事件的实现代码。子类可以添加自己的新方法、属性和事件，用新的功能来扩展原有的接口。另外，子类还能使用自身的实现方法代替基类中的方法和属性——重写原来的行为，用新的行为来代替它。

继承本质上是一种将现有类的功能合并到新子类中的方式。继承也定义了合并方法、属性和事件的规则，包括如何改变或代替它们，以及子类如何为其自身增加新的方法、属性和事件。这些规则的具体内容以及这些规则在 C#中如何使用将在下面详细介绍。

1. 创建基类

在 C#中，创建出来的任何类都可以作为基类，并派生出其他类。如果没有明确地在代码中指明这个类不能作为基类，就可以从这个类中派生子类。

首先，用如下代码创建一个 Employee（职员）类。

```
public class Employee
{
}
```

这样就有了一个基类。即使这个类不能做任何事情或者不包括任何内容，也可以继承它。

现在可以像前面章节一样为这个类添加方法、属性和事件，基于 Employee 类创建的任何类都会继承这些元素。例如，添加如下代码：

```
public class Employee
  {
    private string name;
    private DateTime birthDate;
    public string Name
    {
      get
      {
        return name;
      }
      set
      {
        name = value;
      }
    }
    public DateTime BirthDate
    {
      get
      {
```

```
            return birthDate;
          }
          set
          {
            birthDate = value;
          }
        }
      }
```

就为 Employee 类添加了两个属性。在 Visual Studio 2017 中，该类可以通过如图 6-2 所示的类图来表示。

在类图中，整个方框表示 Employee 类，框的顶部是类的名称及表示它是一个类的说明；中间部分是类的实例变量或字段列表，访问控制符为 private；框的底部是类的属性，访问控制符为 public。如果类中有方法或事件，也会在相应的地方表示出来。

图 6-2　Employee 类图

2. 创建子类

为了实现继承，需要添加一个新类。下面的代码创建了一个 SalesForce（销售人员）类。

```
public class SalesForce
  {
    private decimal salesVolume;
    private int salesManagerID;
    //销售额
    public decimal SalesVolume
    {
      get
      {
        return salesVolume;
      }
      set
      {
        salesVolume = value;
      }
    }
    //所属销售经理 ID
    public int SalesManagerID
    {
      get
      {
        return salesManagerID;
      }
```

```
        set
        {
          salesManagerID = value;
        }
      }
    }
```

这是一个常规的没有显式继承的独立类。它可以用如图 6-3 所示的类图表示。

图 6-3 的 SalesForce 类图中包含类的名称、实例变量列表，以及作为接口的属性。图 6-3 表明，在后台 SalesForce 类从 System.Object 继承了某些功能。事实上，C#中的每个类最终都从 System.Object 隐式或显式地继承某些功能。这就是为什么所有的 C#对象都拥有一个通用功能集，其中包括 GetType 和 ToString 等方法。

SalesForce 对象有销售额和所属销售经理 ID 属性，也应当具有 Name 和 BirthDate 属性，就像 Employee 类那样。如果没有继承，就只能从 Employee 类中把代码直接复制和粘贴到新的 SalesForce 类中，通过继承，则可以重用 Employee 类中的代码。下面创建继承自 Employee 类的新类。

要使 SalesForce 类成为 Employee 类的一个子类，只需修改 SalesForce 类的第一行代码：

```
public class SalesForce:Employee
```

SalesForce:Employee 表示 SalesForce 类派生自现有类 Employee，从该类中继承接口和行为。我们可以继承当前项目、.NET 系统类库或其他程序集中的几乎所有类，也可以阻止继承。当继承当前项目外部的类时，需要指定包含该类的命名空间，或者在代码的顶端用一条 using 语句来引入要使用的命名空间。

如图 6-4 所示的类图说明了 SalsForce 类是 Employee 类的一个子类。

图 6-3　SalesForce 类图　　　　图 6-4　继承图

这意味着基于 Employee 类创建的对象 SalesForce 不仅拥有 SalesVolume 和 SalesManagerID 属性，还拥有 Name 和 BirthDate 属性。为了测试这一点，下面在一个简单的例子中使用 SalesForce 类。

【例 6-1】 类的继承。

```
// Ch06_01
namespace Ch06_01
```

```
{
  public class Employee
  {
    // Employee 具体代码参见上述内容
  }
  public class SalesForce:Employee
  {
    // SalesForce 具体代码参见上述内容
  }
  class Program
  {
    static void Main(string[] args)
    {
      SalesForce sf = new SalesForce();
      sf.BirthDate = Convert.ToDateTime("1992-1-1");
      sf.Name = "Name";
      sf.SalesManagerID = 2;
      sf.SalesVolume = 123.12m;
    }
  }
}
```

本例没有输出内容，但是可以正确编译执行，说明即使 SalesForce 没有直接实现 Name 和 BirthDate 属性，也可以通过继承使用它们。

3. 重载方法

SalesForce 类通过继承自动获得了 Name 和 BirthDate 属性，它还拥有自己的 SalesVolume 和 SalesManagerID 属性。这就说明可以给 SalesForce 子类添加方法和属性来扩展基本的 Employee 类。

给 SalesForce 类添加新的属性、方法和事件，它们将成为任何基于 SalesForce 类创建的对象的一部分。这对 Employee 类没有任何影响，仅影响 SalesForce 类和 SalesForce 对象。

甚至可以给子类添加和基类中的方法同名的方法，以扩展基类的功能，只要这些方法具有不同的参数列表即可。重载基类中的现有方法在本质上与重载常规方法相同。

6.2 访问控制符

访问控制符是 C#中的一类关键字，用于指定声明的成员或类型的可访问性。本节主要介绍 C#中常用的四个访问控制符：public、protected、internal 和 private。

public 关键字是类型和类型成员的访问控制符，允许最高访问级别。对于访问用 public 修饰的成员没有任何限制，如下所示：

```
class SampleClass
{
```

```
    public int x; // 无访问限制
  }
```

在下面的示例中声明了两个类：Point 和 MainClass。从 MainClass 类中可以直接访问 Point 类中用 public 修饰的成员 x 和 y。

【例 6-2】 public 修饰符。

```
// Ch06_02
namespace Ch06_02
{
  class Point
  {
    public int x;
    public int y;
  }
  class MainClass
  {
    static void Main()
    {
      Point p = new Point();
      // 直接访问public修饰的类成员
      p.x = 10;
      p.y = 15;
      Console.WriteLine("x = {0}, y = {1}", p.x, p.y);
    }
  }
}
```

程序运行结果为：

```
x = 10, y = 15
```

protected 关键字是一个成员访问控制符，其修饰的成员在它的类中可访问并且可由派生类访问，也就是说，仅当访问是通过派生类发生时，基类的受保护成员在派生类中才是可访问的。

在下面的示例中，类 DerivedPoint 从类 Point 派生，因此，可以从该派生类直接访问基类的受保护成员。如果去掉“: Point”，DerivedPoint 类将不是派生自 Point，则 dp.x,dp.y 不可识别。

【例 6-3】 protected 修饰符。

```
// Ch06_03
namespace Ch06_03
{
  class Point
  {
    protected int x;
    protected int y;
  }
```

```
  class DerivedPoint : Point
  {
    static void Main()
    {
      DerivedPoint dp = new DerivedPoint();
      // 派生类中直接访问基类中用protected修饰的成员
      dp.x = 10;
      dp.y = 15;
      Console.WriteLine("x = {0}, y = {1}", dp.x, dp.y);
    }
  }
}
```

程序运行结果如下：

```
x = 10, y = 15
```

internal 关键字是类型和类型成员的访问控制符。只有在同一程序集的文件中，内部类型或成员才是可访问的。

【例 6-4】 internal 修饰符。

```
//新建一个类库项目 Ch06_04_01（注意：记住项目路径），输入代码后，单击菜单栏
//“生成”→“生成解决方案”命令，编译为BaseClass.dll
// Ch06_04
namespace Ch06_04_01
{
  public class BaseClass
  {
    internal static int intM = 0;
  }
}
//新建控制台应用 Ch06_04_02，在解决方案资源管理器中选中项目，右击选择“添加”
//→“引用”→“浏览”→“浏览”→选中 Ch06_04_01 项目路径\bin\Debug
//\ Ch06_04_01.dll→“添加” →“确定”，即引用了类库 BaseClass.dll，如图 6-5 所示
using System;
using System.Collections.Generic;
using System.Linq;
using System.Text;
using Ch06_04_01;//执行完图 6-5 添加引用的步骤后，自己导入命名空间
namespace Ch06_04_02
{
  class Program
  {
    static void Main(string[] args)
    {
      BaseClass myBase = new BaseClass();
```

```
        //internal 修饰的成员在项目外不能被访问（属于不同的命名空间）
        // BaseClass.intM = 444;
      }
    }
}
```

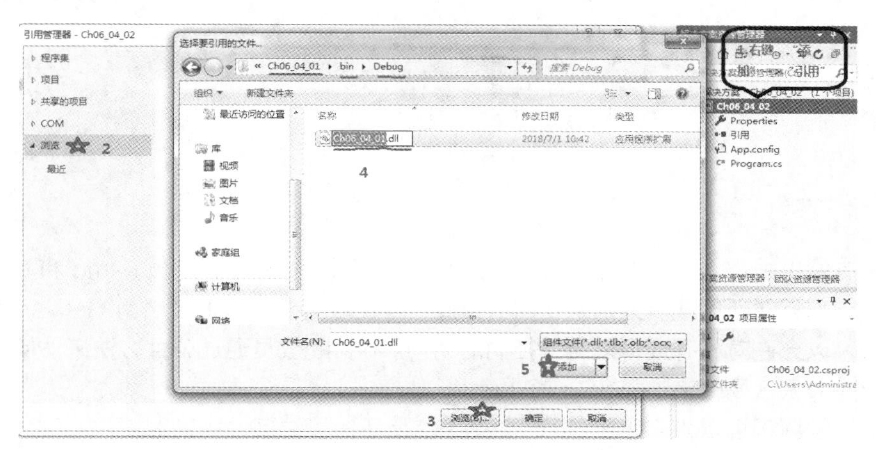

图 6-5　步骤图

本例没有输出内容。

private 关键字是一个成员访问控制符，私有访问是最低访问级别。私有成员只有在声明它们的类和结构体中才是可访问的。

【例 6-5】 private 修饰符。

```
// Ch06_05
namespace Ch06_05
{
  class Employee
  {
    private string name = "FirstName, LastName";
    private double salary = 100.0;
    public string GetName()
    {
      return name;
    }
    public double Salary
    {
      get { return salary; }
    }
  }
  class MainClass
  {
    static void Main()
```

```
        {
            Employee e = new Employee();
            // 如下代码，不能直接访问类中private修饰的成员
            //string n = e.name;
            //double s = e.salary;
            // 可以通过方法访问类中private修饰的成员
            string n = e.GetName();
            // 可以通过属性访问类中private修饰的成员
            double s = e.Salary;
        }
    }
}
```

本例没有输出内容。在示例中，Employee 类包含两个私有数据成员 name 和 salary。作为私有成员，它们只能通过成员方法来访问。因此，【例 6-5】中添加了名为 GetName 和 Salary 的公共方法，以允许对私有成员进行受控制的访问。name 成员通过公共方法来访问，salary 成员通过一个公共只读属性来访问。

使用访问控制符可以为 C#成员指定如表 6-1 所示的可访问性级别。

表 6-1　访问控制符

声明的可访问性	含　义
public	访问不受限制
protected	访问仅限于包含类或从包含类派生的类
internal	访问仅限于当前程序集
protected internal	访问仅限于从包含类派生的当前程序集或类
private	访问仅限于包含类

通常一个成员或类型只能有一个访问控制符，protected internal 组合除外。命名空间不允许使用访问控制符，因为命名空间没有访问限制。根据成员声明的上下文，只允许某些声明的可访问性。如果在成员声明中未指定访问控制符，则使用默认的可访问性。未嵌套在其他类型中的顶级类型的可访问性只能是 internal 或 public，默认可访问性是 internal。嵌套类型是其他类型的成员，可以具有表 6-2 所示的声明的可访问性。

表 6-2　嵌套类型可声明的可访问性

嵌套类型	默认成员可访问性	可声明的可访问性
enmu	public	无
class	private	public、protected、internal、private、protected internal
interface	public	无
struct	private	public internal private

嵌套类型的可访问性取决于它的可访问域，该域是由已声明的成员的可访问性和其直接包含

类型的可访问域共同确定的。但是，嵌套类型的可访问域不能超出它的包含类型的可访问域。这些概念在以下示例中加以说明。

【例 6-6】 可访问域。

```
// Ch06_06
namespace Ch06_06
{
  public class T1
  {
    public static int publicInt;
    internal static int internalInt;
    private static int privateInt = 0;
    public class M1
    {
      public static int publicInt;
      internal static int internalInt;
      private static int privateInt = 0;
    }
    private class M2
    {
      public static int publicInt = 0;
      internal static int internalInt = 0;
      private static int privateInt = 0;
    }
  }
  class MainClass
  {
    static void Main()
    {
      // 访问没有限制:
      T1.publicInt = 1;
      // 只能在当前程序集访问:
      T1.internalInt = 2;
      // 下条语句如果不注释掉，将会有编译错误：访问受限制
      //T1.privateInt = 3;
      // 访问没有限制:
      T1.M1.publicInt = 1;
      // 只能在当前程序集访问:
      T1.M1.internalInt = 2;
      // 下条语句如果不注释掉，将会有编译错误：M1 类外部无法访问
      // T1.M1.privateInt = 3;
      // 下条语句如果不注释掉，将会有编译错误：T1 类外部无法访问
      // T1.M2.publicInt = 1;
      // 下条语句如果不注释掉，将会有编译错误：T1 类外部无法访问
```

```
        //T1.M2.internalInt = 2;
        // 下条语句如果不注释掉，将会有编译错误：M2 类外部无法访问
        // T1.M2.privateInt = 3;
      }
    }
  }
```

本例没有输出内容，示例中包含一个顶级类 T1 及两个嵌套类 M1 和 M2，这两个嵌套类包含声明为不同可访问性的字段。在 Main 方法中，每个语句后都有注释，指出每个成员的可访问域。注意，试图引用不可访问的成员的语句都被注释掉了。如果希望查看由引用不可访问的成员所导致的编译器错误，可以逐个移除注释并编译程序。

访问控制符在使用时也受到一些条件的限制，比如声明类型时，最重要的是查看该类型是否至少具有与其他成员或类型同样的可访问性。例如，直接基类必须至少具有与派生类同样的可访问性。以下声明将导致编译器错误，因为基类 BaseClass 的可访问性小于 MyClass。

```
class BaseClass {...}
public class MyClass: BaseClass {...} // 错误
```

6.3 多态性

多态性（polymorphism）是面向对象程序设计中的一个重要概念，它是指同一个消息被不同类型的对象接收时产生不同的行为。所谓消息，是指对类成员的调用，不同的行为是指调用了不同的类成员。本节将从多个方面来说明 C#中的多态。

1. 方法的重载

方法的重载（function overload）是指功能相似、方法名相同但所带参数不同的一组方法。“所带参数不同”既可以是参数的数据类型不同，也可以是参数的个数不同。如果仅仅只有返回值类型不同，不属于重载，会报错。在第 5 章中已经简单介绍了方法的重载。

在 C#中，类的成员方法可以重载。类的成员方法重载是指类中或类与其派生类中有两个或两个以上功能相似、函数名相同但所带参数不同的成员函数。发生对象调用的时候，根据所带参数不同来确定调用重载方法中的哪一个。下面来看类的构造函数重载的例子。

【例 6-7】 构造函数重载。

```
// Ch06_07
namespace Ch06_07
{
  class MyDate
  {
    private int month;
    private int day;
    private int year;
    public MyDate()
    {
```

```
        month = 6;
        day = 20;
        year = 2002;
        Console.WriteLine("{0}/{1}/{2}", month, day, year);
      }
      public MyDate(int m,int d)
      {
        month = m;
        day = d;
        year = 1979;
        Console.WriteLine("{0}/{1}/{2}", month, day, year);
      }
      public MyDate(int m, int d,int y)
      {
        month = m;
        day = d;
        year = y;
        Console.WriteLine("{0}/{1}/{2}", month, day, year);
      }
    }
    class Program
    {
      static void Main(string[] args)
      {
        MyDate aDate = new MyDate();
        MyDate bDate = new MyDate(7,2);
        MyDate cDate = new MyDate(4,20,2010);
      }
    }
  }
```

程序运行结果为：

```
6/20/2002
7/2/1979
4/20/2010
```

在【例 6-7】的 MyDate 类中声明了三个构造函数，分别为不带任何参数、带两个参数和带三个参数。在主函数运行时根据对象所带参数的不同情况，选择具体的构造函数进行初始化。比如 bDate 带两个参数，就调用带两个参数的构造函数。

2. 虚方法

如何通过基类变量来访问派生类中重载的函数成员呢？C#提供了虚方法机制来解决这个问题。首先在基类中将这个可能会被重载的方法通过 virtual 关键字定义为虚方法，接着在派生类中通过 override 关键字重载该方法，最后就可以通过基类变量引用派生类对象来访问派生类中重载的这个同名方法。

这样，通过基类的变量可以使属于同一个类族的不同对象产生不同的行为，从而实现运行过程中的多态。

【例 6-8】 虚方法。

```
// Ch06_08
namespace Ch06_08
{
  class Person
  {
    public virtual void Work()
    {
      Console.WriteLine("基类 Person");
    }
  }
  class Student : Person
  {
    public override void Work()
    {
      Console.WriteLine("Student 的任务是学习");
    }
  }
  class Teacher : Person
  {
    public override void Work()
    {
      Console.WriteLine("Teacher 的任务是讲课");
    }
  }
  class Doctor : Person
  {
    public override void Work()
    {
      Console.WriteLine("Doctor 的任务是治病");
    }
  }
  class Program
  {
    static void Main(string[] args)
    {
      List<Person> listP=new List<Person>();
      listP.Add(new Student());
      listP.Add(new Teacher());
      listP.Add(new Student());
```

```
            listP.Add(new Student());
            listP.Add(new Doctor());
            listP.Add(new Teacher());
            listP.Add(new Doctor());
            listP.Add(new Doctor());
            foreach (Person s in listP)f(s);
                  Console.ReadLine();
        }
        static void f(Person p)
        {
            p.Work();
        }
    }
}
```

程序运行结果为：

```
Student 的任务是学习
Teacher 的任务是讲课
Student 的任务是学习
Student 的任务是学习
Doctor 的任务是治病
Teacher 的任务是讲课
Doctor 的任务是治病
Doctor 的任务是治病
```

在上面的例子中，基类 Person 中声明了一个虚函数，在三个派生类中均重载了该函数。此时就可以通过基类变量访问子类对象的虚函数成员，实现对一个类族中的对象进行统一处理。将基类变量 s 指向派生类对象，就可以调用派生类定义的 Work 函数，从而得到上述输出结果。

3. base 关键字

前面介绍了如何利用多态的特性在子类中重载基类方法，来完全替换基类中的功能。不过这有点极端——有时重写方法是为了扩展基本功能，而不是替代原来的功能。

为此，需要使用 override 关键字重载方法，但是在新的实现代码中，仍然调用方法的原始实现代码。这样就可以在调用原始实现代码的前后添加自己的代码，即在扩展功能的同时仍利用基类中的代码。

为了直接从基类中调用方法，可以使用 base 关键字。这个关键字可以在任何类中使用，它提供了基类中的所有方法。

base 关键字用于从派生类中访问基类的成员：调用基类中已被其他方法重写的方法；指定创建派生类实例时应调用的基类构造函数。基类访问只能在构造函数、实例方法或实例属性访问器中进行。在静态方法中使用 base 关键字是错误的。

【例 6-9】 base 关键字。

```
// Ch06_09
```

```
namespace Ch06_09
{
  public class Person
  {
    protected string ssn = "444-55-6666";
    protected string name = "John L. Malgraine";
    public virtual void GetInfo()
    {
      Console.WriteLine("Name: {0}", name);
      Console.WriteLine("SSN: {0}", ssn);
    }
  }
  class Employee : Person
  {
    public string id = "ABC567EFG";
    public override void GetInfo()
    {
      // 调用基类方法
      base.GetInfo();
      Console.WriteLine("Employee ID: {0}", id);
    }
  }
  class Program
  {
    static void Main()
    {
      Employee E = new Employee();
      E.GetInfo();
    }
  }
}
```

程序运行结果为：

```
Name: John L. Malgraine
SSN: 444-55-6666
Employee ID: ABC567EFG
```

在本例中基类 Person 和派生类 Employee 都有一个名为 GetInfo 的方法。通过使用 base 关键字，可以从派生类中调用基类的 GetInfo 方法。

6.4 密封类

想想看，所有的类都可以被继承，继承一旦滥用会带来什么后果？类的层次结构体系将变得十分庞大，类之间的关系将变得杂乱无章，对类的理解和使用将变得十分困难。有时候并不希望自己编写的类被继承，另一些时候有的类已经没有再被继承的必要。C#提出了一个密封类（sealed class）的概念，帮助开发人员来解决上述问题。

密封类在声明时使用 sealed 修饰符，这样就可以防止该类被其他类继承。如果试图将一个密封类作为其他类的基类，将会提示出错。显然，密封类不能同时又是抽象类，因为抽象类总是希望被继承的。

在哪些场合下适合使用密封类呢？密封类可以阻止其他开发人员无意中继承该类，而且密封类可以起到运行时优化的效果。密封类不可能有派生类，如果密封类实例中存在虚成员函数，该成员函数可以转化为非虚的，函数修饰符 virtual 将不再生效。

当对一个类应用 sealed 修饰符时，此修饰符会阻止其他类从该类继承。在下面的代码中，类 B 从类 A 继承，但是任何类都不能从类 B 继承。

```
class A {}
sealed class B : A {}
```

除了对类使用 sealed 修饰符外，还可以在重写基类中的虚方法或虚属性的方法或属性上使用 sealed 修饰符。这允许类从自定义的类继承，并防止重写特定的虚方法或虚属性。在下面的代码中，C 从 B 继承，但 C 无法重写在 A 中声明并在 B 中密封的虚函数 F。

```
class A
  {
    protected virtual void F() { Console.WriteLine("A.F");}
    protected virtual void F2() { Console.WriteLine("A.F2");}
  }
  class B : A
  {
    sealed protected override void F() { Console.WriteLine("B.F");}
    protected override void F2() {Console.WriteLine("A.F3");}
  }
  class C : B
  {
    // 对 F 方法重载将会引发错误
    // protected override void F() { Console.WriteLine("C.F"); }
    // 重载 F2 方法
    protected override void F2() { Console.WriteLine("C.F2"); }
  }
```

6.5 抽象类

定义类时加上关键字 abstract，这个类就是抽象类了。抽象类本身无法产生实例对象，而且抽象类可以包含一个以上的抽象方法。抽象方法前面要加上 abstract 关键字，只提供函数名称，并没有定义具体如何实现，()后直接跟上分号，没有方法体{}，方法体由继承的派生类实现。派生类必须实现所有抽象类的方法，否则其本身将成为另外一个抽象类。需要注意的一点是，当派生类重写抽象类的方法时，要使用 override 关键字。下面就通过范例来理解抽象类的应用。

【例 6-10】 抽象类。

```
// Ch06_10
namespace Ch06_10
{
  class Program
  {
    static void Main(string[] args)
    {
      //创建 A 的实例将会产生错误
      //A a = new A();
      B b = new B();
      b.show0();
      b.show();
    }
  }
  abstract class A
  {
    public void show0()
    {
      Console.WriteLine("abstract class");
    }
    abstract public void show();
  }
  class B : A
  {
    public override void show()
    {
      Console.WriteLine("the class B");
    }
  }
}
```

程序运行结果为：

```
abstract class
the class B
```

在上面的示例中定义了抽象类 A，如果直接对抽象类 A 进行实例化，会引发编译错误。

6.6 接口

接口（interface）用来定义一种程序的协定，实现接口的类或者结构要与接口的定义严格一致。有了这个协定，就可以抛开编程语言的限制（理论上）。接口可以从多个基接口继承，而类或结构可以实现多个接口。接口可以包含方法、属性、事件和索引器，其本身不提供它所定义的成员的实现，只指定实现该接口的类或接口必须提供的成员。

接口好比一种模板，定义了对象必须实现的方法，目的就是让这些方法可以作为接口实例被引用。类可以实现多个接口并且通过这些接口被引用。接口不能被实例化。接口变量只能引用实现该接口的类的实例。C#中接口的定义如下：

```
//接口定义
  interface IMyExample
  {
    string this[int index] { get; set; }
    void Find(int value);
    string Point { get; set; }
  }
```

上面例子中的 IMyExample 接口包含一个索引 this、一个方法 Find 和一个属性 Point。

C#中的接口支持多重继承。在下面的代码中，接口 IComboBox 同时从 ITextBox 和 IListBox 继承。

```
interface IControl
{
  void Paint();
}
interface ITextBox : IControl
{
  void SetText(string text);
}
interface IListBox : IControl
{
  void SetItems(string[] items);
}
interface IComboBox : ITextBox, IListBox
{
}
```

在 C#中，类和结构可以同时派生自多个 C#接口。

C#中的接口具有如下特点。

（1）接口是独立于类来定义的。

（2）接口和类都可以继承多个接口。

（3）类可以派生于一个基类，接口不能派生于一个基类。

（4）接口定义一个只有抽象成员的引用类型。接口只存在着方法标志，根本就没有执行代码。这意味着不能实例化一个接口，只能实例化一个派生自该接口的对象。

（5）接口可以定义方法、属性和索引。所以，对比类，接口的特殊性是：当定义一个类时，可以派生自多重接口，而只能派生自一个父类。

下面的完整示例演示了接口实现。接口 IPoint 包含属性声明，类 Point 包含属性实现。

【例 6-11】 接口。

```
// Ch06_11
namespace Ch06_11
{
  interface IPoint
  {
    // 属性定义
    int X
    {
      get;
      set;
    }
    int Y
    {
      get;
      set;
    }
  }
  class Point : IPoint
  {
    // 域成员
    private int x;
    private int y;
    // 构造函数
    public Point(int a, int b)
    {
      x = a;
      y = b;
    }
    // 属性实现
    public int X
    {
      get
      {
        return x;
      }
      set
      {
        x = value;
      }
    }
    public int Y
    {
      get
      {
```

```
            return y;
        }
        set
        {
            y = value;
        }
    }
}
class Program
{
    static void Main(string[] args)
    {
        Point p = new Point(10, 10);
        Console.WriteLine("X:{0},Y:{1}", p.X, p.Y);
    }
}
}
```

程序运行结果为：

```
X:10,Y:10
```

本章小结

本章以面向对象的高级应用为核心，围绕 C#面向对象的特性，重点介绍了类的继承、访问控制符、多态性、密封类、抽象类、接口等概念，并辅以大量程序实例对上述概念进行讲解。

习题

1. 简答题

（1）解释 public、private 和 protect 的作用，以及公有类成员和私有类成员的区别。

（2）什么是面向对象程序设计?

（3）什么是密封类和抽象类?

（4）什么是接口? 接口的作用是什么?

（5）this 关键字有什么作用?

2. 程序设计题

（1）设计一个 Date 类，该类用于表示日期值。要求能够实现日期的设置、显示及加减（如在当前日期上加 50 天）功能。

（2）声明一个形状类 Shape，在此类基础上派生出矩形类 Rectangle 和圆类 Circle。要求 Shape 类为抽象类并且包含计算周长和面积的抽象方法，Rectangle 类和 Circle 类中包含有对基类中计算周长和面积的抽象方法的重载方法，最后在 Main 方法中利用一个 Shape 类型的数组来引用所有的 Rectangle 类和 Circle 类的实例，并调用计算周长和面积的方法。

7 Chapter

第 7 章

程序的生成、异常处理和调试

本章学习目标

在前面的章节中介绍了 C#的语法知识，在实际编写代码的过程中，会遇到各种各样的问题，特别是代码的逻辑错误，很难检测出来，这时就要用到 Visual Studio 2017 的调试和异常处理，找出程序中的错误，捕获异常，保证程序正常运行。通过本章，读者应该掌握以下内容：

1. 掌握 C#中的异常处理和在 Visual Studio 2017 中如何调试 C#程序。
2. 理解异常处理的原理。
3. 了解异常处理和调试类在项目开发中的作用。

7.1 异常处理

7.1.1 异常类

程序发生意外的情况会生成错误代码，程序捕捉这段代码并采取相应的措施，称作异常处理。在.NET 以前的编程语言中，这常常称作错误处理。

.NET 的公共语言运行库（Common Language Runtime，CLR）并不产生错误代码。在出现异常情况时，CLR 会创建一个称作异常的特殊对象，该对象中的属性和方法详细描述了异常情况以及引起错误的具体原因。

.NET 处理的是异常而不是错误，因此在.NET 中不再使用术语“错误处理”，而改用“异常处理”。异常处理指的是发生异常时采取相应措施的.NET 技术。

.NET 实现了系统范围内功能强大的错误处理方式，.NET 中不再使用错误符号，而使用异常对象。异常对象是一个包含错误相关信息的对象，这些信息即为该对象的属性。

异常对象是派生于 System.Exception 类的一个实例，System.Exception 类包括许多子类，分别用于不同的异常情况。

System.Exception 类的属性包含关于异常的有用信息，如表 7-1 所示。

表 7-1　System.Exception 类的属性

属　　性	说　　明
HelpLink	一个表示异常的帮助链接的字符串
InnerException	返回一个引用内部（嵌套）异常的异常对象
Message	包含错误的字符串，适合于显示给用户
Source	一个包含产生错误的对象名称的字符串
StackTrace	一个只读属性，以文本字符串的形式保存堆栈跟踪。堆栈跟踪是检测到异常时要执行的方法调用列表。如果方法 A 调用了方法 B，在方法 B 中发生了异常，堆栈跟踪就将包含方法 A 和方法 B
TargetSite	一个只读字符串属性，用于保存抛出异常的方法

System.Exception 类中最重要的两个方法如表 7-2 所示。

表 7-2　System.Exception 类的方法

方　　法	说　　明
GetBaseException	返回第一个异常
ToString	返回错误字符串，其中可能包含错误消息、内部异常，以及堆栈跟踪等与错误有关的信息

在 C#中使用异常类和异常处理需要用到以下几个关键字。

try：开始一段可能出现错误的代码。这段代码常常称为 try 块。

catch：为一种类型的异常开始一个错误处理程序。catch 跟在 try 块的后面，try 结构可以有多个 catch 块，每个 catch 块捕获不同类型的异常。在 try 块中遇到错误时，开始执行第一个与异常类型匹配的 catch 块。

finally：try 块正常结束时执行的代码或者 catch 块执行完毕后执行的代码。也就是说，无论是否检测到异常，finally 块中的代码总是会执行。finally 块一般用于关闭或删除资源，例如数据库连接，如果忘记清理这类资源，代码就会出问题。

throw：生成一个错误，在 catch 块中用它把异常送回给调用例程，如果某个例程检测到传入参数的类型错误，也可以用它抛出异常。

7.1.2 try-catch

try-catch 语句由一个 try 块后跟一个或多个 catch 子句构成，这些子句指定不同的异常处理程序。引发异常时，公共语言运行时（CLR）会查找处理此异常的 catch 语句。如果当前执行的方法不包含这样的 catch 块，则 CLR 会查看调用当前方法的方法，然后遍历调用堆栈。如果仍然找不到 catch 块，则 CLR 会向用户显示一条有关未处理异常的消息并停止执行程序。

try 块包含可能导致异常的保护代码，并一直执行到引发异常或成功完成为止。例如，下列强制转换 null 对象的尝试将引发 NullReferenceException 异常。

```
object o2 = null;
try
{
  int i2 = (int)o2;    // 引发异常
}
```

虽然使用不带参数的 catch 子句可以捕获任何类型的异常，但不推荐这种用法。通常，应该只捕获那些知道如何从中恢复的异常。因此，应该总是指定一个从 System.Exception 派生的对象参数。例如：

```
catch (InvalidCastException e)
{
}
```

在同一个 try-catch 语句中可以使用一个以上的特定 catch 子句。这种情况下 catch 子句的书写顺序很重要，因为程序会按顺序检查 catch 子句，将先捕获特定程度较高的异常，而不是特定程度较低的异常。如果对 catch 块的排序使得永远不能到达后面的块，编译器将产生错误。

在 catch 块中可以使用 throw 语句再次引发已由 catch 语句捕获的异常。例如：

```
catch (InvalidCastException e)
{
  throw (e);     // 再次引发已由 catch 语句捕获的异常
}
```

同时也可以引发新的异常。下面的例子中将捕获的异常指定为内部异常。

```
catch (InvalidCastException e)
{
  // 引发自定义的新异常
  throw new CustomException("Error message here.", e);
}
```

如果要再次引发当前由无参数的 catch 子句处理的异常，则使用不带参数的 throw 语句。例如：

```
catch
{
  throw;
}
```

在 try 块内部应该只初始化其中声明的变量，否则，完成该块的执行前可能引发异常。例如，在下面的代码示例中，变量 x 在 try 块内部初始化。若试图在 Write(x)语句的 try 块外部使用此变量将产生编译器错误：使用了未赋值的局部变量。

```
static void Main()
{
  int x;
  try
  {
    // 不能在此处初始化声明的变量
    x = 123;
  }
  catch
  {
  }
  //此处可能会引发异常：使用了未赋值的局部变量
  //Console.Write(x);
}
```

【例 7-1】 try-catch 例子 1。

```
// Ch07_01.cs
namespace Ch07_01
{
  class TryCatch1
  {
    static void ProcessString(string s)
    {
      if (s == null)
      {
        throw new ArgumentNullException();
      }
    }
    static void Main()
    {
      string s = null;          //设置字符串 s 为 null
      try
      {
```

```
            ProcessString(s);
          }
          catch (Exception e)
          {
            Console.WriteLine(e.Message);
          }
        Console.Read();
      }
    }
  }
```

程序运行结果为：

```
值不能为null。
```

在此例中，try 块包含对可能导致异常的 ProcessString 方法的调用。catch 子句包含仅在屏幕上显示消息的异常处理程序。当调用 ProcessString 方法时，方法内部调用 throw 语句抛出异常，系统执行 catch 语句并显示“值不能为 null”。

【例 7-2】 try-catch 例子 2。

```
// Ch07_02.cs
namespace Ch07_02
{
  class TryCatch2
  {
    static void ProcessString(string s)
    {
      if (s == null)
      {
        throw new ArgumentNullException();
      }
    }
    static void Main()
    {
      try
      {
        string s = null;
        ProcessString(s);
      }
      //第一个指定要捕获的异常
      catch (ArgumentNullException e)
      {
        Console.WriteLine("第一个异常被捕获:"+e.Message);
      }
      //其他全部可能的异常
      catch (Exception e)
```

```
        {
          Console.WriteLine("第二个异常被捕获:"+ e.Message);
        }
        Console.Read();
      }
    }
}
```

程序运行结果为：

```
第一个异常被捕获：值不能为 null。
```

此例使用了两个 catch 子句。最先出现的子类异常被捕获，试着交换两个异常 ArgumentNullException 和 Exception 的位置，看看会有什么问题发生，想一想为什么。

7.1.3 try-catch-finally

finally 块用于清除 try 块中分配的资源，运行即使在发生异常时也必须执行的代码。控制总是会传递给 finally 块，与 try 块的退出方式无关。

catch 块用于处理语句块中出现的异常，而 finally 块用于保证语句块的执行，与前面的 try 块的退出方式无关。

finally 块中的语句不管异常是否触发都会被执行。

try-catch-finally 常见的使用方式是：在 try 块中获取并使用资源，在 catch 块中处理异常情况，并在 finally 块中释放资源。

【例 7-3】 try-catch-finally 例子。

```
// Ch07_03.cs
namespace Ch07_03
{
  public class TryCatchFinally
  {
    static void Main()
    {
      int i = 123;
      string s = "Some string";
      object o = s;
      try
      {
        //触发异常：string 类型不能强制转换为 int 类型
        i = (int)o;
      }
      catch(Exception e)
      {

      }
```

```
        finally
        {
          Console.Write("i = {0}", i);
        }
        Console.Read();
      }
    }
  }
```

程序运行结果为：

```
i=123
```

上述例子演示了一个典型的使用 try-catch-finally 结构的情景。在 try 块中对 object 类型的变量 o 拆箱并引发一个 IOException 异常，在 catch 块中对异常进行捕获但不做任何处理，在 finally 块中输出 i。finally 块保证了不管程序运行过程中是否产生异常，都能正确释放程序运行时所占用的系统资源。

7.1.4　多重 try 结构

多重 try 结构是指一个 try 块可以嵌套在另一个 try 块中。在内部 try 块中生成但没有被与其关联的 catch 块捕获的异常会被传播到外部 try 块中。例如，下面的例子中 IndexOutOfRangeException 异常没有被内部 try 块捕获，而是被外部 try 块捕获。

【例 7-4】 多重 try 结构例子。

```
// Ch07_04.cs
namespace Ch07_04
{
  class NestTrys
  {
    static void Main()
    {
      //numer 数组长度大于 denom 数组
      int[] numer = { 4, 8, 16, 32, 64, 128, 256, 512 };
      int[] denom = { 2, 0, 4, 4, 0, 8 };
      try
      {
        for (int i = 0; i < numer.Length; i++)
        {
          try
          {
            Console.WriteLine(numer[i] + " / " + denom[i] + " is " +
numer[i]/denom[i]);
          }
          catch (DivideByZeroException)
          {
```

```
                //嵌套的 try 产生的异常
                Console.WriteLine("不能除以 0!");
            }
        }
    }
    catch (IndexOutOfRangeException)
    { //外部 try 产生的异常
        Console.WriteLine("没有匹配数据! ");
        Console.WriteLine("程序终止! ");
    }
    Console.Read();
  }
 }
}
```

程序运行结果为：

```
4 / 2 is 2
不能除以 0!
16 / 4 is 4
32 / 4 is 8
不能除以 0!
128 / 8 is 16
没有匹配数据!
程序终止!
```

在本例中，可以被内部 try 块处理的异常（除以零错误）允许程序继续执行，而数组边界错误被外部 try 块捕获，从而导致程序终止。虽然这不是使用多重 try 结构的唯一原因，但是从前面的程序可以概括出下面的要点：多重 try 结构经常用来以不同的方式处理不同类型的错误。有些错误的类型是灾难性的，不能修复，有些则不太重要，可以立即处理。很多程序开发人员使用外部 try 块来捕获最严重的错误，而使用内部 try 块处理不太严重的错误；也可以使用外部 try 块作为“捕获所有异常”的块，以此来捕获内部 try 块没有处理的错误。

7.1.5　默认异常处理

有时引发了一个异常后，代码中没有相应的 catch 块能处理这类异常。假定忽略 FormatException 异常和通用的 catch 块，只有处理 IndexOutOfRangeException 异常的块。此时，如果引发一个 FormatException 异常，会发生什么情况呢?

答案是.NET 运行库会捕获它。.NET 运行库可以把整个程序放在一个更大的 try 块中，每个.NET 程序都会这么做。这个 try 块有一个 catch 处理程序，它可以捕获任何类型的异常。如果代码没有处理发生的异常，就会退出程序，由.NET 运行库中的 catch 块捕获它。但是，结果并不是想象的那样。代码的执行会即时中断，并显示一个对话框，通知用户代码没有处理异常，并给出.NET 运行库能检索到的异常信息。

一般情况下，如果编写一个可执行程序，就应捕获尽可能多的异常，并以合理的方式处理它们。

7.1.6 throw

throw 语句用于发出在程序执行期间出现反常情况（异常）的信号。引发的异常是一个对象，该对象的类是从 System. Exception 派生的，例如：

```
class MyException : System.Exception {}
// ...
throw new MyException();
```

通常 throw 语句与 try-catch 或 try-finally 语句一起使用，throw 语句也可以用于重新引发已捕获的异常。

【例 7-5】 throw 例子。

```
// Ch07_05.cs
namespace Ch07_05
{
  public class ThrowTest
  {
    static int GetNumber(int index)
    {
      int[] nums = { 300, 600, 900 };
      if (index > nums.Length)
      {
        throw new IndexOutOfRangeException();
      }
      return nums[index];
    }
    static void Main()
    {
      try
      {
        int result = GetNumber(3);
      }
      catch(Exception e)
      {
        Console.WriteLine(e.Message);
      }
      Console.Read();
    }
  }
}
```

程序运行结果为：

```
索引超出了数组界限。
```

在上述例子中，当索引超过数组长度时，通过 throw 抛出了一个 IndexOutOfRangeException 异常实例。

7.1.7 用户自定义异常

一般情况下，使用系统内部提供的异常就足够了，但有时为了特殊目的，必须使用用户自定义异常。

无论是系统自定义异常还是用户自定义异常，它们都具有相同的异常处理机制，都包括定义异常类、抛出异常对象和捕获并处理异常三部分，只不过系统自定义异常的前两部分已经在.NET 框架中定义好了。

异常类和一般类的定义没有任何区别，但是由于使用 throw 关键字和 catch 关键字所抛出和捕获的异常对象必须是 Exception 类或者 Exception 类的子类对象，因此所有用户自定义的异常类都必须由 Exception 类或者 Exception 类的子类派生。

由于异常属于意外事件，并不总是发生，所以必须只由一个条件判断语句 if（满足抛出异常条件）来判断，然后再抛出异常 throw new Exception。比如：

```
if(y == 0)//如果被除数为零
{
//抛出 DivideByZeroException 异常类对象;
throw new DivideByZeroException();
}
```

catch 关键字用于捕获在 try 程序块中引发的异常，根据该关键字所携带的参数列表的不同可以具有多种重载方式，但是所有的 catch 重载块最多只有一个被执行。比如：

```
catch(DivideByZeroException dz)
{
Console.WriteLine(dz.ToStirng());
}
```

下面通过一个例子来说明如何创建并使用用户自定义异常。

【例 7-6】 用户自定义异常例子。

```
// Ch07_06.cs
namespace Ch07_06
{
  class Program
  {
    static void Main(string[] args)
    {
      try
      {
        //抛出自定义异常
        ThrowCustomException();
```

```
            }
            catch (CustomerException ce)
            {
                //捕获自定义异常
                Console.WriteLine(ce.Message);
            }
            Console.Read();
        }
        //在该函数中触发 CustomerException 异常
        static void ThrowCustomException()
        {
            throw new CustomerException("人为触发异常");
        }
    }
    //声明自定义异常类，派生自 Exception 类
    public class CustomerException : Exception
    {
        //创建一个带参数构造函数
        public CustomerException(string msg):base("自定义异常: " + msg)
        {
        }
    }
}
```

程序运行结果为：

```
自定义异常：人为触发异常
```

在上述例子中，首先建立自己的 C#异常类 CustomerException，它继承自 Exception 类，然后声明一个带参数的构造函数，该构造函数调用基类的带参数的构造函数来设置当前异常的消息。在 ThrowCustomException 函数中，通过 throw 关键字抛出一个 CustomerException 异常。在 Main 函数中通过 try 语句块调用 ThrowCustomException 函数，就可以捕获到用户自定义的 CustomerException 异常，然后在 catch 语句块中获取异常实例，并在控制台中输出异常消息。

7.2 Visual Studio 2017 的调试功能

在任何开发环境中最重要的工具都是调试器，Visual Studio 2017 的调试器非常强大。虽然 Visual Studio 2017 的调试器的功能非常全面，但是调试的基础知识却是十分简单的，其关键的三点是：如何设置断点及怎样运行到断点，怎样单步执行到断点并越过方法调用，怎样查看和修改变量、成员数据等的值。

本节将重点介绍与调试相关的概念和技能，希望能通过有限的篇幅让读者快速掌握 Visual Studio 2017 的调试器的使用。

首先需要了解什么是断点（breakpoint）。断点是对调试器发出的一个指令，可以使调试器运行到应用程序特定的某一行后停止。设置断点最简单的方式是在应用程序源代码的某一行左边单击。断点设置成功后，IDE 会用一个红点来标记断点，如图 7-1 所示。

图 7-1 中就已经成功地为代码行“sum += i”设置了断点。

如果要对代码进行调试，可以选择菜单“调试→开始调试”，或者按 F5 键。程序会编译并运行到断点后停下来，有一个黄色箭头指向下一步要执行的语句，如图 7-2 所示。

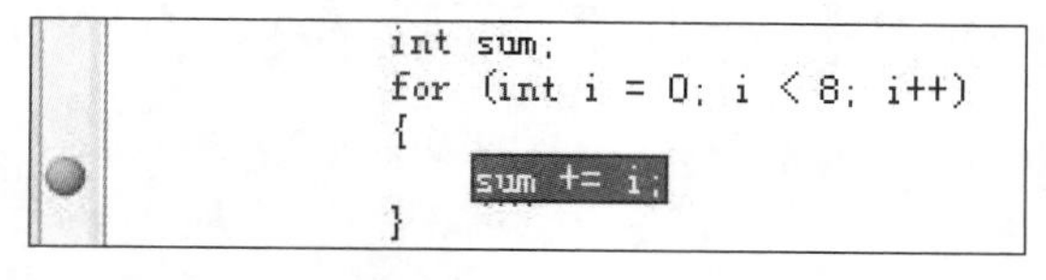

int sum;
for (int i = 0; i < 8; i++)
{
sum += i;
}

图 7-1　设置断点

int sum=0;
for (int i = 0; i < 8; i++)
{
sum += i;
}

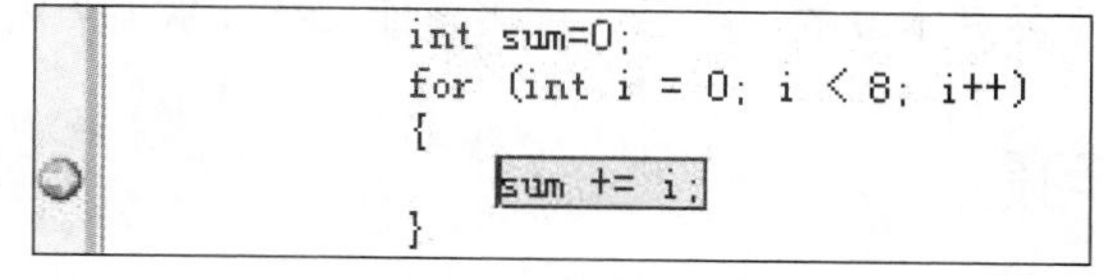

图 7-2　运行到断点位置

到达断点后，查看对象的值变得很容易。例如，把鼠标指针放在变量上等一会儿，就能看到它的值，如图 7-3 所示。

int sum=0;
for (int i = 0; i < 8; i++)
{
sum += i;
}
sum 0

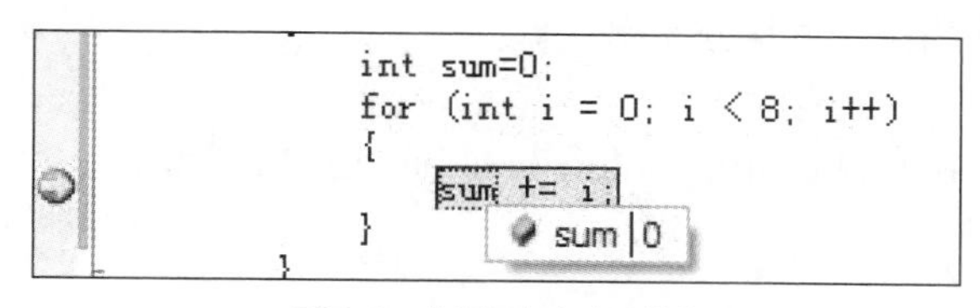

图 7-3　查看运行中变量的值

调试器还提供了许多有用的窗口，如“局部变量”窗口会显示所有局部变量的值，如图 7-4 所示。

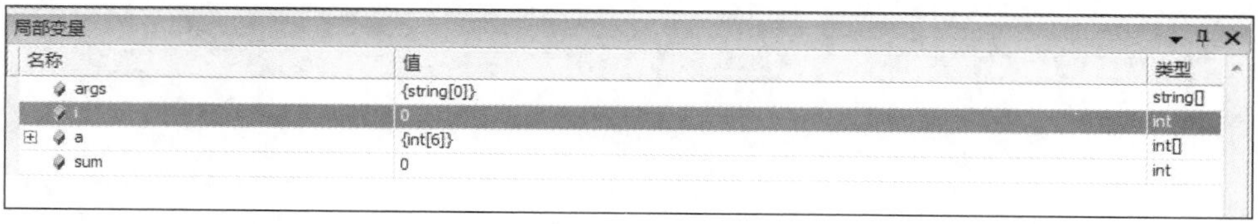

局部变量
名称
值
类型
args
{string[0]}
string[]
i
0
int
a
{int[6]}
int[]
sum
0
int

图 7-4　局部变量窗口

整数等内置类型显示的是值（如图 7-4 中的 i），而对象显示的是类型及一个加号，可以单击加号看看它的内部数据，如图 7-5 所示。

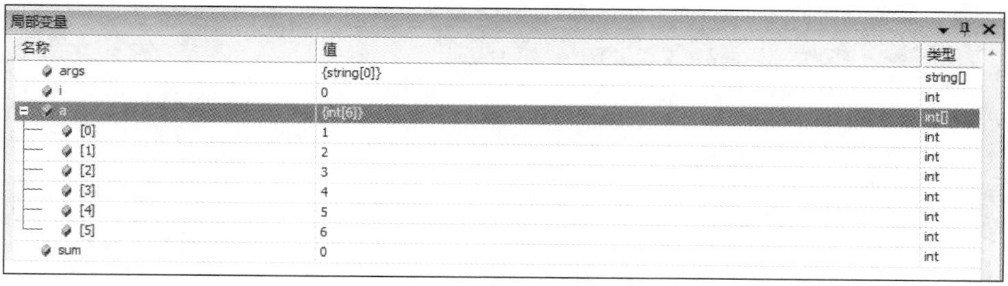

局部变量
名称
值
类型
args
{string[0]}
string[]
i
0
int
a
{int[6]}
int[]
[0]
1
int
[1]
2
int
[2]
3
int
[3]
4
int
[4]
5
int
[5]
6
int
sum
0
int

图 7-5　查看对象的内部数据

在调试状态下，按 F11 键可以单步执行到下一条语句。

本节已经介绍了使用调试器进行单步调试的方法，接下来可以在后续章节中用调试器来检验程序，在调试过程中可以更进一步掌握程序运行的全部流程。

本章小结

本章以异常处理和代码调试为核心，介绍了异常对象和处理异常的语法，以及异常的各种属性，讨论了如何使用异常附带的信息，同时介绍了在 Visual Studio 2017 中如何使用调试功能。学习完本章的内容后，读者将能熟练掌握 C#中的异常处理，及对程序代码进行调试。

习题

1. 简答题

（1）什么是异常？什么是异常处理？

（2）C#的异常处理机制有什么特点？

（3）C#的异常处理的执行过程分为哪几步？

2. 程序设计题

举例说明异常处理中 throw、try、catch 和 finally 语句的用法。

8 Chapter

第 8 章

流与文件

本章学习目标

本章主要讲解管理驱动器、目录和文件的类，用户可以创建、修改和删除目录和文件。通过本章，读者应该掌握以下内容：

1. 通过 DriveInfo、File、FileInfo、Directory、DirectoryInfo 类管理文件系统
2. 了解文件类型
3. 通过 FileStream、StreamReader 和 StreamWriter 类读写文件

8.1 流的基本概念

文件（File）是计算机的基本概念，指存储于外部介质上的信息集合。每个文件应有一个包括设备及路径信息的文件名。其中，外部介质主要指硬盘，也可包括光盘、软盘或磁带等。信息是数据和程序代码的总称。

在程序中，文件的概念不单指狭义的硬盘上的文件，所有的具有输入输出功能的设备，例如键盘、控制台、显示器、打印机都将被视为文件。这就是广义的文件的概念。对于输入输出操作来说，这些外设和硬盘上的文件是一样的；对于程序员来说，文件只与信息的输入输出相关，而且这种输入输出是串行序列形式的。于是，人们就把文件的概念抽象为“流”（stream）。

由此可见，文件流是程序语言按顺序操作文件内容的一种方式，是实现内外存数据交换的方法。在 C#中文件流表现为一组派生于 Stream 的文件流类。例如，FileStream 类，以字节为单位读写文件；BinaryRead 类和 BinaryWrite 类，以基本数据类型为单位读写文件，可以从文件直接读写 bool、string、short、int 等基本数据类型的数据；StreamReader 和 StreamWriter 类，以字符或字符串为单位读写文件。使用流读写文件必须引入命名空间：System.IO。

C#为操作文件提供了许多辅助类，包括 DriveInfo、Directory、DirectoryInfo、File、FileInfo 类。常用的类介绍如下。

（1）File——实用类，提供许多静态方法，用于移动、删除和复制文件。

（2）Directory——实用类，提供许多静态方法，用于移动、删除和复制目录。

（3）Path——实用类，用于处理路径名称。

（4）FileInfo——表示磁盘上的物理文件，具有可以处理此文件的方法，要完成对文件的读写操作，就必须创建 Stream 对象。

（5）DirectoryInfo——表示磁盘上的物理目录，具有可以处理此目录的方法。

（6）FileStream——表示可以被写或被读，或读写皆可的文件，此文件可以同步或异步读和写。

（7）StreamReader——从流中读取字符数据，可通过使用 FileStream 被创建为基类。

（8）StreamWriter——向流中写字符数据，可通过使用 FileStream 被创建为基类。

（9）FileSystemWatcher——FileSystemWatcher 用于监控文件和目录，并在它们的位置发生变化时给出应用程序可以捕获的事件。

8.2 目录

8.2.1 DriveInfo 类

在.NET 中，可以使用 DriveInfo 类来获取驱动器信息。例如，可以获得盘符、卷标、类型、大小、剩余空间等驱动器信息。

直接访问 DriveInfo 类的属性、方法时，可能会抛出异常。例如，程序所在的机器上没有安装软驱，但 Windows 默认加载了软驱的驱动，程序在访问 myDrive. DriveFormat 属性时会因为无法正确读取“软驱”的格式而抛出异常。解决方法很简单，只需在访问之前加入 if (myDrive.IsReady)来对驱动器的有效性进行验证即可。

【例 8-1】 使用 DriveInfo 类获取驱动器信息。

```
// Ch08_01.cs
using System;
using System.Collections.Generic;
using System.Linq;
using System.Text;
using System.Threading.Tasks;
using System.IO;//自己添加的代码

namespace Ch08_01
{
    class Program
    {
        public static void Main()
        {
            StringBuilder sb = new StringBuilder();
            //声明 DriveInfo 类对象，并使用 GetDrives 方法取得目前
            //系统中所有逻辑磁盘驱动器的 DriveInfo 类型的数组
            DriveInfo[] myAllDrives = DriveInfo.GetDrives();
            try
            {
                foreach (DriveInfo myDrive in myAllDrives)
                {
                    if (myDrive.IsReady)
                    {
                        sb.Append("磁盘驱动器盘符：");
                        sb.AppendLine(myDrive.Name);
                        sb.Append("磁盘类型：");
                        sb.AppendLine(myDrive.DriveType.ToString());
                        sb.Append("磁盘格式：");
                        sb.AppendLine(myDrive.DriveFormat);
                        sb.Append("磁盘大小：");
                        sb.AppendLine(myDrive.TotalSize.ToString());
                        sb.Append("剩余空间：");
                        sb.AppendLine(myDrive.AvailableFreeSpace.ToString());
                        sb.Append("总剩余空间(含磁盘配额)：");
```

```
                        sb.AppendLine(myDrive.TotalFreeSpace.ToString());
                        sb.AppendLine("--------------------------------");
                    }
                }
                Console.WriteLine(sb);
            }
            catch (Exception ex)
            {
                Console.WriteLine(ex.Message);
            }
            Console.Read();
        }
    }
}
```

程序运行结果如下（结果将由所用机器的具体情况决定）:

```
磁盘驱动器盘符：C:\
磁盘类型：Fixed
磁盘格式：FAT32
磁盘大小：10476945408
剩余空间：2723438592
总剩余空间(含磁盘配额):2723438592
------------------------------------------

磁盘驱动器盘符：D:\
磁盘类型：Fixed
磁盘格式：FAT32
磁盘大小：26201112576
剩余空间：14093025280
总剩余空间(含磁盘配额):14093025280
------------------------------------------

磁盘驱动器盘符：E:\
磁盘类型：Fixed
磁盘格式：FAT32
磁盘大小：26201112576
剩余空间：1765605376
总剩余空间(含磁盘配额):1765605376
------------------------------------------

磁盘驱动器盘符：F:\
磁盘类型：Fixed
磁盘格式：FAT32
磁盘大小：17091837952
```

```
剩余空间：1352654848
总剩余空间(含磁盘配额):1352654848
-------------------------------------------
```

8.2.2 Directory 类

Directory 类用于复制、移动、重命名、创建和删除目录等操作，也可用于获取和设置与目录的创建、访问及写入操作相关的 DateTime 信息。表 8-1 列出了 Directory 类的主要成员，它们都是静态成员方法，不需要实例化 Directory 类即可使用。

表 8-1 Directory 类的静态方法

名　称	说　明
CreateDirectory	创建指定路径中的所有目录
Delete	删除指定的目录
Exists	确定给定路径是否引用磁盘上的现有目录
GetCreationTime	获取目录的创建日期和时间
GetCurrentDirectory	获取应用程序的当前工作目录
GetDirectories	获取指定目录中子目录的名称
GetFiles	返回指定目录中文件的名称
GetLastAccessTime	返回上次访问指定文件或目录的日期和时间
GetLastWriteTime	返回上次写入指定文件或目录的日期和时间
GetLogicalDrives	检索此计算机上格式为“<驱动器号>:\”的逻辑驱动器的名称
GetParent	检索指定路径的父目录，包括绝对路径和相对路径
Move	将文件或目录及其内容移到新位置
SetCreationTime	为指定的文件或目录设置创建日期和时间
SetCurrentDirectory	将应用程序的当前工作目录设置为指定的目录
SetLastAccessTime	设置上次访问指定文件或目录的日期和时间
SetLastWriteTime	设置上次写入目录的日期和时间

上述 Directory 类的静态方法的最主要参数为 string 类型的路径。在接受路径的成员中，路径可以是文件或目录，可以是相对路径也可以是绝对路径。例如，以下都是可接受的路径：

“c:\\MyDir” 表示 C 盘下的名为 “MyDir” 的文件夹。

“MyDir\\MySubdir” 表示程序当前路径下的相对路径，例如，如果程序在 C 盘根目录，则该相对路径等同于 “c:\\MyDir\\MySubdir”。

“\\\\MyServer\\MyShare” 表示远程机器 MyServer（IP 或机器名）上的 “MyShare” 目录。

例如，代码 Directory. Delete ("c:\\MyDir")将删除 C:\MyDir 目录。“\\” 中的第一个反斜杠为 C#定义的转义字符。

【例 8-2】 使用 Directory 类建立文件目录。

```
// Ch08_02.cs
```

```
using System;
using System.Collections.Generic;
using System.Text;
using System.IO;//自己添加的代码

namespace Ch08_02
{
    class Program
    {
        public static void Main()
        {
            //这里使用的是字符串引导符“@”的表达方式。在C#中，字符串常数前加“@”,
            //表示所引导的字符串按原样解释
            string path = @"c:\MyDir";
            //string path = "c:\\MyDir";  //这里使用了转义字符“\”的表达方式

            try
            {
                if (!Directory.Exists(path))
                {
                    Directory.CreateDirectory(path);
                    Console.WriteLine("目录 {0} 不存在，创建了目录 {0} ",path);
                }
                else
                {
                    Console.WriteLine("目录 {0} 已存在 ", path);
                }
            }
            catch (Exception e)
            {
                Console.WriteLine("The process failed: {0}", e.ToString());
            }
            Console.Read();
        }
    }
}
```

程序运行结果如下(运行结果将由所用机器的实际情况决定,第二次运行程序时结果会不同,试试看):

```
目录 c:\MyDir 不存在，创建了目录 c:\MyDir
```

8.2.3 DirectoryInfo 类

上节介绍的 Directory 类提供了一组静态方法，帮助用户完成对目录的操作。由于是静态方法，使用时不需要实例化即可调用。但也意味着该类无法为用户保存运行上下文及状态信息。如果打算多次重用某个对象，可以考虑使用 DirectoryInfo 类的实例方法，而不是使用 Directory 类的相应静态方法，因为不总是需要进行安全检查。表 8-2 给出了 DirectoryInfo 类的主要成员。

表 8-2 DirectoryInfo 类的主要成员

名 称	说 明
构 造 函 数	
DirectoryInfo	在指定的路径中初始化 DirectoryInfo 类的新实例
公 共 属 性	
Attributes	获取或设置当前 FileSystemInfo 对象的文件属性。这些属性表明只读、正常、隐藏等文件状态或状态的组合
CreationTime	获取或设置当前 FileSystemInfo 对象的创建时间（从 FileSystemInfo 继承）。该时间即为文件的创建时间
Exists	获取指示目录是否存在的值
Extension	获取表示文件扩展名部分的字符串
FullName	获取目录或文件的完整目录
LastAccessTime	获取或设置上次访问当前文件或目录的时间
LastWriteTime	获取或设置上次写入当前文件或目录的时间
Parent	获取指定子目录的父目录
Root	获取路径的根部分
公 共 方 法	
Create	创建目录
CreateSubdirectory	在指定路径中创建一个或多个子目录。指定路径可以是相对于 DirectoryInfo 类的实例的路径
Delete	从路径中删除 DirectoryInfo 及其内容
GetAccessControl	获取当前目录的访问控制列表（ACL）项
GetDirectories	返回当前目录的子目录
GetFiles	返回当前目录的文件列表
GetFileSystemInfos	检索表示当前目录的文件和子目录的强类型 FileSystemInfo 对象的数组
MoveTo	将 DirectoryInfo 实例及其内容移动到新路径
SetAccessControl	将 DirectorySecurity 对象所描述的访问控制列表（ACL）项应用于当前 DirectoryInfo 对象所描述的目录

【例 8-3】 使用 DirectoryInfo 类建立文件目录。

```
// Ch08_03.cs
using System;
using System.Collections.Generic;
using System.Text;
using System.IO;//自己添加的代码
```

```
namespace Ch08_03
{
    class Program
    {
        public static void Main()
        {
            //这里使用了字符串引导符“@”的表达方式。在C#中，字符串常数前加“@”，
            //表示所引导的字符串按原样解释
            string path = @"c:\MyDir";
            //string path = "c:\\MyDir";  //这里使用了转义字符“\”的表达方式

            try
            {
                DirectoryInfo di = new DirectoryInfo(path);// 将DirectoryInfo
                                                           // 实例化
                if (!di.Exists)
                {
                    Console.WriteLine("目录 {0} 不存在，创建了目录 {0} ", path);
                    di.Create();
                }
                else
                {
                    Console.WriteLine("目录 {0} 已存在 ", path);
                }
            }
            catch (Exception e)
            {
                Console.WriteLine("The process failed: {0}", e.ToString());
            }
            Console.Read();
        }
    }
}
```

程序运行结果如下（运行结果由所用机器的实际情况决定）：

```
目录 c:\MyDir 不存在，创建了目录 c:\MyDir
```

8.3 File 类和 FileInfo 类

File 类用于对文件进行复制、移动、重命名、创建、打开、删除和追加到文件等操作，也可用于获取和设置文件属性或有关文件创建、访问及写入操作的 DateTime 信息。

File 类的方法在创建或打开文件时返回其他 I/O 类型，再使用这些 I/O 类型进一步进行文件

的读写操作。例如，调用 File.Open (String, FileMode)，可打开 String 类型参数所指定的文件，并返回 FileStream 对象，用户可利用 FileStream 对象完成对文件的读写操作。表 8-3 给出了 File 类的主要方法。

表 8-3　File 类的主要方法及说明

名　　称	说　　明
AppendAllText	将指定的字符串追加到文件中，如果文件不存在，则创建该文件
AppendText	创建一个 StreamWriter，它将 UTF-8 编码的文本追加到现有文件中
Copy	将现有文件复制到新文件
Create	在指定路径中创建文件
CreateText	创建或打开一个文件，用于写入 UTF-8 编码的文本
Delete	删除指定的文件。如果指定的文件不存在，则引发异常
Equals	确定两个 Object 实例是否相等
Exists	确定指定的文件是否存在
GetAccessControl	获取一个 FileSecurity 对象，它封装指定文件的访问控制列表（ACL）项
GetAttributes	获取在此路径上的文件的文件属性
GetCreationTime	返回指定文件或目录的创建日期和时间
GetLastAccessTime	返回上次访问指定文件或目录的日期和时间
GetLastWriteTime	返回上次写入指定文件或目录的日期和时间
Move	将指定文件移到新位置，并提供新文件名
Open	打开指定路径上的 FileStream
OpenRead	打开现有文件以进行读取
OpenText	打开现有 UTF-8 编码的文本文件以进行读取
OpenWrite	打开现有文件以进行写入
SetAccessControl	对指定的文件应用由 FileSecurity 对象描述的访问控制列表（ACL）项
SetAttributes	设置指定路径上文件的指定文件属性
SetCreationTime	设置创建该文件的日期和时间
SetLastAccessTime	设置上次访问指定文件的日期和时间
SetLastWriteTime	设置上次写入指定文件的日期和时间

类似于 Directory 类，File 类的主要方法也为静态的。这意味用户无须实例化即可调用方法完成相应操作。

File 类的方法大多需要输入 String 类型的路径参数，表明用户需要操作哪个文件。这些方法可接受的路径的表达方式与 Directory 类相同，可参考 8.2.2 节的相关说明。

与 File 类不同的是，FileInfo 类在使用时需要实例化，调用构造函数 public FileInfo (string fileName) 输入路径作为参数，可构造对象来操作相应的文件。FileInfo 与 File 类的关系就如同 DirectoryInfo 与 Directory 类的关系一样。由于 FileInfo 类的实例方法不总是进行安全性检查，当用户需要反复调用方法操作文件时，使用 FileInfo 类的实例方法效率可能会高一些。表 8-4 给出了 FileInfo 类的主要成员。

表 8-4　FileInfo 类的主要成员

名　称	说　明
构 造 函 数	
FileInfo	初始化 FileInfo 类的新实例，它将作为文件路径的包装
公 共 属 性	
Attributes	获取或设置当前 FileSystemInfo 对象的文件属性（从 FileSystemInfo 类继承）
CreationTime	获取或设置当前 FileSystemInfo 对象的创建时间（从 FileSystemInfo 类继承）
Directory	获取父目录的实例
DirectoryName	获取表示目录的完整路径的字符串
Exists	已重写。获取指示文件是否存在的值
Extension	获取表示文件扩展名部分的字符串（从 FileSystemInfo 类继承）
FullName	获取目录或文件的完整目录（从 FileSystemInfo 类继承）
IsReadOnly	获取或设置确定当前文件是否为只读的值
LastAccessTime	获取或设置上次访问当前文件或目录的时间（从 FileSystemInfo 类继承）
LastWriteTime	获取或设置上次写入当前文件或目录的时间（从 FileSystemInfo 类继承）
Length	获取当前文件的大小
Name	已重写。获取文件名
公 共 方 法	
AppendText	创建一个 StreamWriter，它向 FileInfo 的实例表示的文件追加文本
CopyTo	已重载。将现有文件复制到新文件中
Create	创建文件
CreateText	创建写入新文本文件的 StreamWriter
Decrypt	使用 Encrypt 方法解密由当前账户加密的文件
Delete	已重写。 永久删除文件
Encrypt	将某个文件加密，使得只有加密该文件的账户才能将其解密
MoveTo	将指定文件移到新位置，并提供新文件名
Open	已重载。用各种读/写访问权限和共享特权打开文件
OpenRead	创建只读 FileStream
OpenText	创建使用 UTF-8 编码并从现有文本文件中进行读取的 StreamReader
OpenWrite	创建只写 FileStream
Refresh	刷新对象的状态（从 FileSystemInfo 类继承）
Replace	已重载。使用当前 FileInfo 对象所描述的文件替换指定文件的内容，这一过程将删除原始文件，并创建被替换文件的备份
ToString	已重写。以字符串形式返回路径

【例 8-4】 使用 File 和 FileInfo 类建立文件。

```
// Ch08_04.cs
using System;
using System.Collections.Generic;
using System.Text;
using System.IO;//自己添加的代码

namespace Ch08_04
{
    class Program
    {
            string path1 = @"c:\MyTest1.txt";
            string path2 = @"c:\MyTest2.txt";
            //以下是 File 类的用法
            if (!File.Exists(path1))
                File.Create(path1);
            else
                Console.WriteLine(path1+"已存在无需创建");

            //以下是 FileInfo 类的用法，功能一致
            FileInfo fil = new FileInfo(path2);
            if (!fil.Exists)
                fil.Create();
            else
                Console.WriteLine(path2 + "已存在无需创建");
            Console.Read();
    }
}
```

程序第一次运行，没有任何输出，在 C 盘下创建两个文件；
第二次运行，输出以下内容：

```
C:\MyTest1.txt 已存在无需创建
C:\MyTest2.txt 已存在无需创建
```

8.4 文件的读写

数据（包括字符）在计算机（包括文件）中都是以二进制方式存储的。那么如何用二进制字节来表示各种字符呢？这就是字符编码（也称为字符集）要规定的内容。

最早使用 ASCII（美国信息交换标准代码）的 7 位字符集作为计算机通用的标准化编码，它规定了 128 个（后来扩展到 256 个）拉丁字母的字节表示法，但无法表示中文字符、希腊字符、阿拉伯字符等非拉丁字符。

为此，很多国家都创建了支持本国语言的字符集，例如中文字符集 GB 2312、GBK、GB 18030—2005 等。但不同国家的字符集无法被其他国家的计算机软件系统所支持。举例来说，某程序

使用 GB 2312 编码方式在文件中存储字符 A，该文件被发送到国外的计算机中，如果该计算机上读文件的软件不支持 GB 2312 编码，将改用其默认的编码方式来解释该文件，用户很可能会得到一些奇怪的字符而非字符 A。这就是程序开发过程中经常遇到的乱码问题。

为了解决乱码问题，实现软件的国际化，国际标准化组织制定了 Unicode、UTF-8 等字符集作为国际标准。这些字符集包含世界上所有国家的字符，只要按国际标准的编码方式存储字符到文件中，其他按国际标准读文件的系统就一定能得到相同的字符。

综上所述，在读写文件过程中一定要注意编码问题。使用某种编码存储字符，也要使用该编码来读文件。

文件是计算机系统持久保存数据的一种方式。按照所存储数据的不同，可分为文本文件和数据文件。文本文件用来存储字符，例如英文字符、汉字、数学符号等。程序采用某种编码将文件中的二进制数解释为某些字符。数据文件用来存储非字符数据，例如图像数据等。程序按照一定的规则对数据进行解释。例如，JPG 图像文件被读入程序后，按照 JPG 标准即可显示为一幅图片。

文本文件与数据文件没有什么区别，在后缀名、存储方式上也没有本质区别。决定文件分类的只是程序中文件的存储内容及解释方式。如果程序将字符作为内容存入文件，并以字符方式来解析文件中的数据，就可以把这个文件称作文本文件；如果程序直接将二进制字节数据存入文件，并将文件中的数据直接读到内存的二进制字节变量中，再进行进一步处理，该文件就是数据文件。

由此可见，文本文件与数据文件的本质区别其实是程序读写文件所采用的方式不同。在 C# 中，提供了 FileStream 类，可按字节方式来读写文件；提供了 StreamReader、StreamWrtier 类，可以某种编码将字符写入或读出文件。

使用 FileStream 类可以建立文件流对象，用来打开和关闭文件，也可以对与文件相关的操作系统句柄进行操作，如管道、标准输入和标准输出。FileStream 类对象能对输入/输出进行缓冲，从而提高性能。

【例 8-5】 读写文件，写字节数组数据到文件。程序功能如下：建立文件 C:\bytefile.bin，将文件中的内容读出并显示到控制台界面。

```
// Ch08_05.cs
using System;
using System.Collections.Generic;
using System.Text;
using System.IO;//自己添加的代码

namespace Ch08_05
{
    class Program
    {
        public static void Main()
        {
            byte[] data1 = new byte[10];//建立字节数组
            for (int i = 0; i < 10; i++)//为数组赋值
                data1[i] = (byte)i;
```

```
                FileStream fs1 = new FileStream("c:\\bytefile.bin", FileMode.
Create);
                //写 data 字节数组中的所有数据到文件
                fs1.Write(data1, 0, 10);
                fs1.Close();

                FileStream fs2 = new FileStream("c:\\bytefile.bin", FileMode.
Open);
                byte[] data2 = new byte[fs2.Length];
                long n = fs2.Read(data2, 0, (int)fs2.Length);//n 为所读字节数
                fs2.Close();
                Console.WriteLine("文件内容如下：");
                foreach (byte m in data2)
                    Console.Write("{0},", m);

                FileStream fs3 = new FileStream("c:\\bytefile.bin", FileMode.
Open);
                //文件读写位置移到从文件尾部向前 4 个字节
                fs3.Seek(-4, SeekOrigin.End);
                Console.WriteLine("读写位置：{0},能定位：{1}", fs3.Position,
fs3.CanSeek);
                byte[] data3 = new byte[1];
                long n2 = fs3.Read(data3, 0, 1);
                Console.WriteLine("读到的数据为{0}", data3[0]);
                Console.WriteLine("能读：{0},能写：{1}", fs3.CanRead, fs3.CanWrite);
                fs3.Close();
            }//不再使用的流对象必须关闭
        }
    }
```

程序运行结果如下：

```
文件内容如下：
0,1,2,3,4,5,6,7,8,9,读写位置：6,能定位：True
读到的数据为 6
能读：True,能写：True
```

【例 8-5】中初始化 FileStream 对象时需要指定 FileMode 类型的参数，用于表明文件存在或者不存在时应该做什么。表 8-5 中列出了 FileMode 的枚举成员及说明。

表 8-5 FileMode 的枚举成员及说明

成　员	文 件 存 在	文件不存在
Append	打开文件，流指向文件的末尾，只能与枚举 FileAccess.Write 联合使用	创建一个新文件。只能与枚举 FileAccess.Write 联合使用

续表

成　　员	文件存在	文件不存在
Create	删除该文件，然后创建新文件	创建新文件
CreateNew	抛出异常	创建新文件
Open	打开现有的文件，流指向文件的开头	抛出异常
OpenOrCreate	打开文件，流指向文件的开头	创建新文件
Truncate	打开现有文件，清除其内容。流指向文件的开头，保留文件的初始创建日期	抛出异常

FileStream 类操作的是字节和字节数组。StreamReader 对象允许将字符和字符串写入文件，它根据某种字符编码（由用户通过参数指定，采用操作系统默认）转换为内存中的字符串变量，StreamWriter 对象用于将内存中的字符串变量按某种字符编码写入文件。StreamReader、StreamWriter 对象为用户提供了向文件中存取字符的方法，其内部使用 FileStream 类从文件中读取字节，并利用高效的字符串处理层为用户完成从字节到内存字符串变量的相互转化的底层工作。

在 C#中，如果用户不明确指出编码，则默认使用 UTF-8 编码。

【例 8-6】 使用 StreamReader 和 StreamWriter 类，先写字符串到文件，再从文件中读取出来。

```
// Ch08_06.cs
using System;
using System.Collections.Generic;
using System.Text;
using System.IO;//自己添加的代码

namespace Ch08_06
{
    class Program
    {
        public static void Main()
        {
            string path = @"c:\MyTest.txt";
            FileInfo fi1 = new FileInfo(path);
            if (!fi1.Exists)
            {
                //如果不存在就创建相应文件，并写入字符
                using (StreamWriter sw = fi1.CreateText())
                {
                    sw.WriteLine("Hello");
                    sw.WriteLine("And");
                    sw.WriteLine("Welcome");
                }
```

```
            }

            //打开文件，并从中读取字符
            using (StreamReader sr = fil.OpenText())
            {
                string s = "";
                while ((s = sr.ReadLine()) != null)
                {
                    Console.WriteLine(s);
                }
            }
            Console.Read();
        }
    }
}
```

程序运行结果如下：

```
Hello
And
Welcome
```

本章小结

本章主要介绍了.NET Framework 中管理文件系统的常用类，可以根据实际的情况选择最适用的类型来处理数据或者读写文件。

习题

1. 列出某一个路径下的所有文件夹和文件名。
2. 列出某一个路径下所有以.txt 结尾的文件名。
3. 将 C 盘中的一个文件移动到“我的文档”文件夹。

9 Chapter

第 9 章

基于 Windows 的应用程序

本章学习目标

本章讲解 Windows 窗体控件的主要类别和功能，了解如何通过菜单、对话框、状态栏和工具栏向用户提供功能或提示应用程序的重要信息。通过本章，读者应该掌握以下内容：

1. 了解 Windows 应用程序的结构
2. 基本控件的属性及用法
3. 为基本控件添加事件处理

9.1 Windows 窗体应用程序概述

本节介绍如何新建一个 Windows 应用程序并了解程序及项目结构，在已有 Windows 应用程序的基础上增加一个新的窗体。

【例 9-1】 创建一个 Windows 应用程序，并了解整个项目的基本结构。实现步骤如下：

（1）单击“开始”→“Visual Studio 2017”，打开 Visual Studio 2017 开发环境。

（2）选择菜单“文件”→“新建”→“项目...”，打开“新建项目”对话框，如图 9-1 所示。在左侧“项目类型”窗格中选择“Windows 桌面”，在右侧的“模板”窗格中选择“Windows 窗体应用（.NET Framework）”。

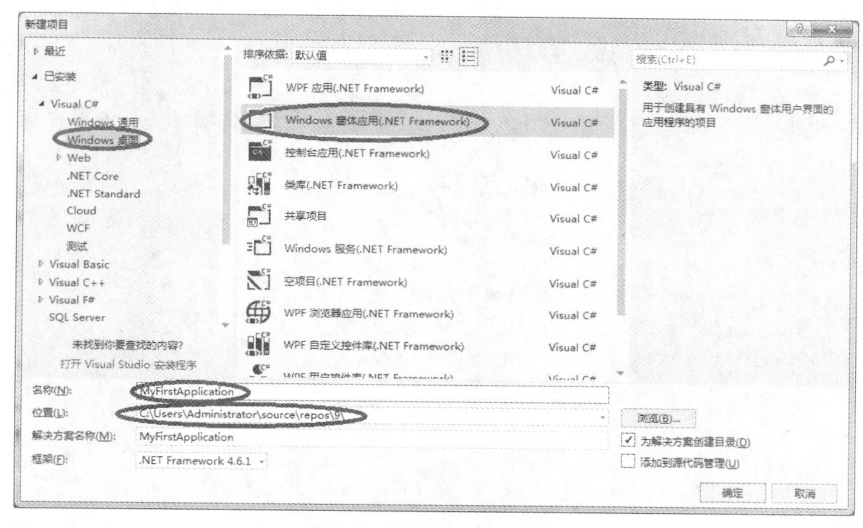

图 9-1 “新建项目”对话框

（3）在“名称”文本框中，输入“MyFirstApplication”作为该项目的名称。在“位置”文本框中，输入准备保存项目的目录或者单击“浏览...”按钮选择目录。

（4）单击“确定”按钮，Visual Studio 将新建一个项目，并在窗体设计器中显示新窗体。

（5）如图 9-2 所示，在“解决方案资源管理器”窗口中展开 Form1.cs 前面的 ▷ 号，双击 Form1.Designer.cs，可以查看 Form1.Designer.cs 的代码，了解程序代码的基本结构：所有的代码都属于命名空间 MyFirstApplication，命名空间 MyFirstApplication 中包含类 Form1，类 Form1 包含一些变量和方法。与在类和对象中定义类有所不同，这里在 Form1 的前面多了一个关键字 partial，表示允许将类、结构或接口的定义拆分到多个文件中。

图 9-2 “解决方案资源管理器”窗口

具体实现代码如下所示。

```
// Form1.Designer.cs
namespace MyFirstApplication
{
  partial class Form1
  {
    /// <summary>
    /// 必需的设计器变量
    /// </summary>
    private System.ComponentModel.IContainer components = null;

    /// <summary>
    /// 清理所有正在使用的资源
    /// </summary>
    /// <param name="disposing">如果应释放托管资源，为 true；否则为 false。
        </param>
    protected override void Dispose(bool disposing)
    {
    }
    #region Windows 窗体设计器生成的代码
    /// <summary>
    /// 设计器支持所需的方法 - 不要修改
    /// 使用代码编辑器修改此方法的内容
    /// </summary>
    private void InitializeComponent()
    {

    }
    #endregion
  }
}
```

（6）既然加了关键字 partial，那么类 Form1 的另一部分代码在什么位置呢？右键单击 Form1.cs，从快捷菜单中选择“查看代码”，查看 Form1.cs 的代码。可以看到，类 Form1 继承自 Form 类，并且在构造函数 Form1()中调用函数 InitializeComponent()，函数 InitializeComponent()的定义在 Form1.Designer.cs 中。

```
//Form1.cs
namespace MyFirstApplication
{
  public partial class Form1 : Form
  {
    public Form1()
    {
```

```
            InitializeComponent();
        }
    }
}
```

（7）双击 Program.cs，可以看到 Main()函数。Main()函数是整个应用程序的入口，由此开始应用程序的运行，Application.Run(new Form1())指在当前线程上开始运行标准应用程序消息循环，并使窗体 Form1 可见。

```
// Program.cs
using System;
using System.Collections.Generic;
using System.Linq;
using System.Threading.Tasks;
using System.Windows.Forms;

namespace MyFirstApplication
{
  static class Program
  {
    /// <summary>
    /// 应用程序的主入口点
    /// </summary>
    [STAThread]
    static void Main()
    {
      Application.EnableVisualStyles();
      Application.SetCompatibleTextRenderingDefault(false);
      Application.Run(new Form1());
    }
  }
}
```

9.2 Windows 窗体及控件介绍

1. 新建窗体

Windows 窗体是一个内容丰富的编程框架，用于创建客户端应用程序，可以在 System.Windows.Forms 命名空间找到创建 Windows 桌面应用程序的类，它们统称为 Windows Forms 类。Form 类是所有对话框和顶级窗口的基类。System.Windows.Forms 命名空间还包含管理控件的类、与剪贴板进行交互的类、操作菜单和打印机的类等。Windows 窗体是所有控件的最高一级容器，里面可以放置各种各样的其他控件。

【例 9-2】 在【例 9-1】的基础上增加一个窗体。

（1）在“解决方案资源管理器”窗口中右击项目名“MyFirstApplication”→“添加”→“Windows 窗体”，如图 9-3 所示。在弹出的“添加新项”对话框中选择“Windows 窗体”，在“名称”文本框中输入新建窗体的名字，例如“Form2.cs”，如图 9-4 所示。

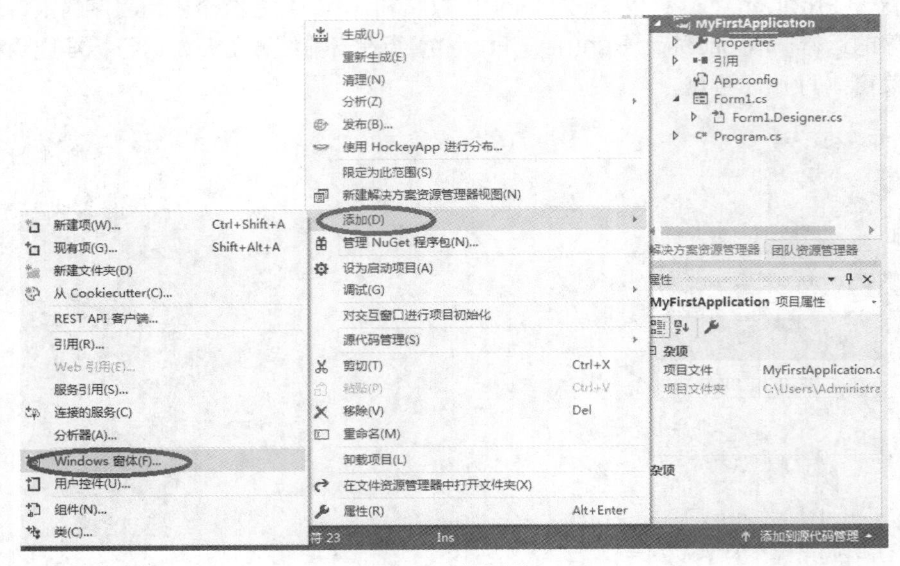

图 9-3 新建窗体

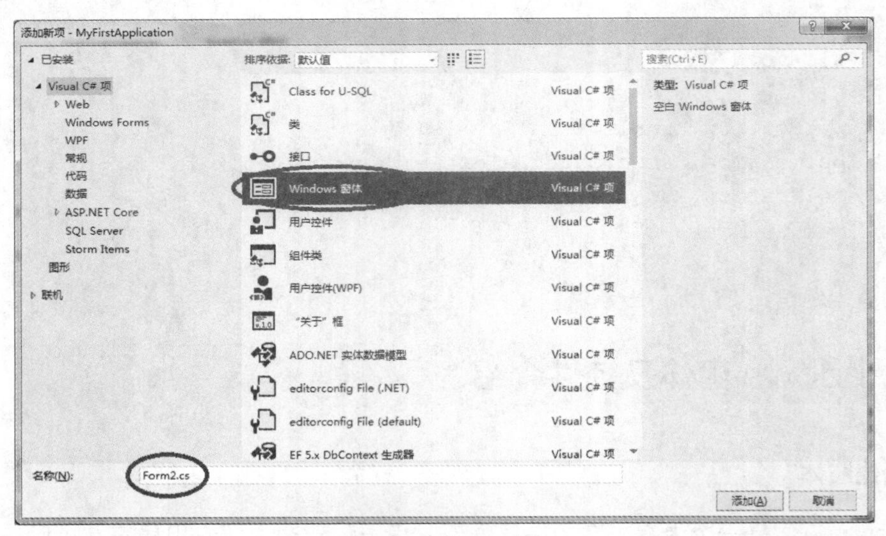

图 9-4 “添加新项”对话框

（2）单击“添加”按钮，新建一个窗体，窗体设计器中出现 Form2，解决方案资源管理器中也出现 Form2。

（3）单击 ▶ 按钮运行程序，出现的会是哪一个窗口呢？为什么？

2. 设置窗体属性

【例9-3】 在【例9-2】的基础上设置窗体的基本属性。

（1）在“解决方案资源管理器”窗口双击Form1.cs，出现Form1所在的窗体。

（2）在“属性”窗口找到Text属性，将属性值改为“第一个窗体”，如图9-5所示。

（3）单击▶按钮运行程序，可以看到窗体Form1的标题已经改变，如图9-6所示。

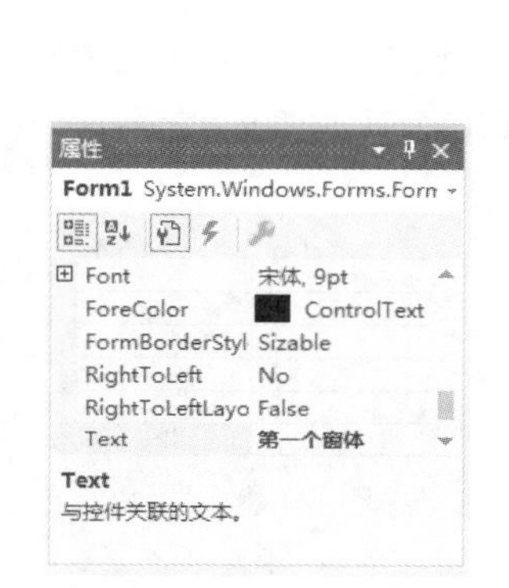

图9-5 “属性”窗口

图9-6 窗体运行效果

（4）除了可以在“属性”窗口设置控件属性外，还可以在程序运行时改变控件属性。双击Form1，进入Form1的默认事件Load，在方法内加入语句“this.Text = "在代码中改变属性";”，如下所示：

```
private void Form1_Load(object sender, EventArgs e)
{
  //思考一下，代码能改为“Form1.Text="在代码中改变属性";”吗
  this.Text = "在代码中改变属性";
}
```

（5）单击▶按钮运行程序，可以看到窗体Form1的标题同样发生了改变。

3. 向窗体添加控件

【例9-4】 在【例9-3】的基础上，在Form1上添加一个按钮。

（1）在左上方的“工具箱”窗口（如果“工具箱”窗口不存在，可以通过单击菜单“视图”→“工具箱”将其打开）双击 ab Button 按钮，或者在按钮上按住鼠标左键，拖动到Form1窗体上再释放左键，都可以在窗体上添加一个Button控件，在窗体上添加其他控件的方法也相同。

（2）如果觉得控件的位置不合适，可以选中控件后按住鼠标左键拖动到合适的地方，然后释放左键。

（3）如果觉得控件的大小不合适，可以选中控件，此时控件周围会出现八个小方框，将鼠标

指针放到其中一个小方框上，鼠标指针会变成箭头形状，按住鼠标左键拖动控件到合适的大小后释放左键。

（4）如果需要微调控件大小，按住Shift键，和“↑”“↓”“←”“→”方向键联合使用可以微调控件大小。

4．事件处理

【例9-5】 在【例9-4】的基础上，为Form1上的按钮添加事件代码，单击按钮后弹出【例9-2】中添加的Form2。

（1）设置Button控件的Text属性为“显示Form2”。

（2）在控件上双击鼠标时，会自动添加该控件的默认事件，“代码”窗口中会自动出现该事件处理的代码框，只要在代码框中编辑代码即可。双击Form1上的按钮，为其添加Click事件处理程序，转到Form1.cs代码窗口，添加如下代码：

```
private void button1_Click(object sender, EventArgs e)
{
  Form2 form = new Form2();
  form.Visible = true;
}
```

（3）单击▶按钮运行程序，单击“显示Form2”按钮，查看结果。

9.3 常用控件的属性、方法和事件

本节先对窗体控件的共性做一个概述，再讲解控件的一些专有的特殊属性，让读者掌握如何配置和使用Windows窗体编程中常用的标准控件和组件。

9.3.1 控件共有的属性、事件和方法

控件是带有可视化表示形式的组件。所有的窗体控件都是从System.Windows.Forms.Control类继承而来，所以具有一些共性。掌握这些共性是快速入门Windows编程的捷径。

1．属性

属性就是窗体的特征，包括控件的名称、外观、可访问性、数据等内容。

不同种类的控件也会有一些属于自己的特殊属性，而掌握这些特殊属性是掌握不同控件的关键。比如，CheckBox控件用于选择，所以就拥有CheckState属性，可以获取或设置CheckBox的选中状态，所有单选或多选类控件都具有这个属性，Button控件不具有这个属性。

输入“对象名.”后，比如“button1.”，图标后面会出现该控件具有的属性。在Visual Studio集成开发环境的“属性”窗口可以设置控件属性（如果没有出现“属性”窗口，单击“视图”→“属性窗口”命令可以将其打开），如图9-7所示。

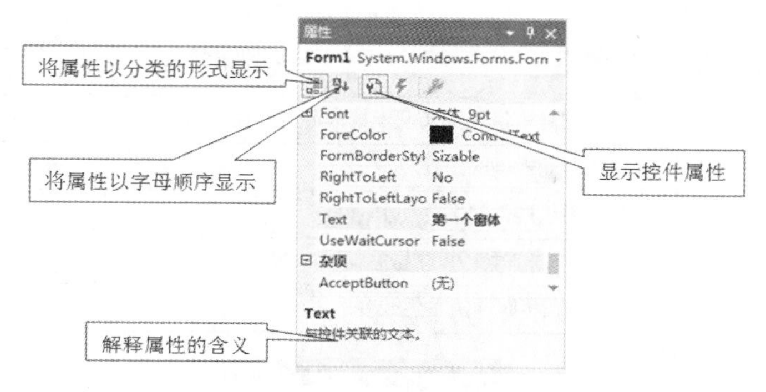

图 9-7　“属性”窗口

常用的控件属性如表 9-1 所示。

表 9-1　常用的控件属性

属 性 名 称	说　　明
Name	用于获取或设置控件的名称
BackColor	用于获取或设置控件的背景色
ForeColor	用于获取或设置控件的前景色，一般是控件的文字颜色
Enabled	指示该控件是否可用
Visible	指示控件在运行时是否可见
Font	用于获取或设置控件中的文本字体样式
Size	用于获取或设置控件的高度和宽度
Location	用于获取或设置该控件的左上角相对其容器的左上角的坐标

2. 事件

事件是用户和程序之间一种最普遍的交互方式，可由用户操作、程序代码或系统生成。例如，单击按钮时会触发 Click 事件，加载窗体时会触发 Load 事件。事件发生时会发送消息，并由专门的消息处理程序翻译及处理消息。

通常，事件都是 C#中预先设置好的、可以被对象识别的操作。用户只需要补充事件处理代码就可以完成对事件的响应。控件一般都有一个默认事件，双击控件时会自动添加控件的默认事件。其他事件的代码需要单击 ⚡ 图标切换到“事件”列表，在相应事件的右侧输入框中双击，即可添加事件响应代码，如图 9-8 所示。

常用的控件事件如表 9-2 所示。

表 9-2　常用的控件事件

事 件 名 称	说　　明
Click	在单击控件时发生
Enter	在进入控件时发生
KeyDown	在控件有焦点的情况下按下键时发生
KeyPress	在控件有焦点的情况下按下键时发生

续表

事 件 名 称	说　　明
KeyUp	在控件有焦点的情况下释放键时发生
Move	在移动控件时发生
Paint	在重绘控件时发生
Resize	在调整控件大小时发生
TextChanged	在 Text 属性值发生改变时发生

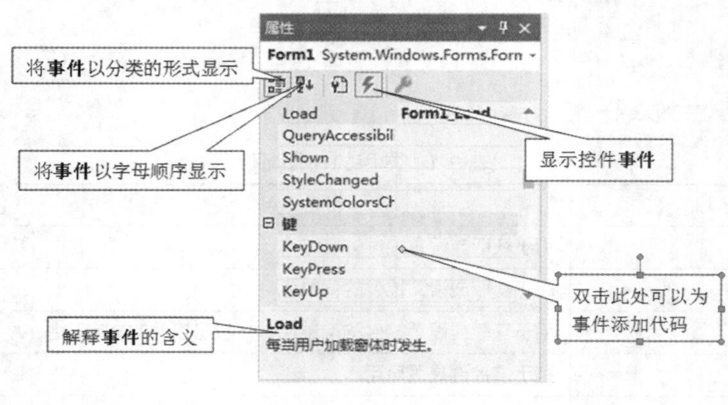

图 9-8　“属性”窗口

3. 方法

方法定义了控件类所具有的能够控制自身状态的一些操作。常用的控件方法如表 9-3 所示。

表 9-3　常用的控件方法

方 法 名 称	说　　明
Dispose	释放资源
Focus	获得焦点
Hide	隐藏控件
Show	显示控件

9.3.2　常用控件介绍

1. 窗体控件 Form

窗体是所有控件的容器，对应的类是 Form。利用窗体的属性可以设置窗体的位置、大小、颜色、标题，以及是否透明等。窗体可以响应多种事件，如单击、双击、加载、关闭、大小改变、位置改变等。窗体的默认事件为 Load。

2. 按钮控件 Button

按钮控件 ab Button 允许用户通过单击按钮来执行操作。当按钮被单击时，即调用 Click 事件处理程序，将代码放入 Click 事件处理程序中即可执行所需的操作。Button 类的 Text 属性表示按钮上显示的标题文本。

3. 标签控件 Label

标签控件 A Label 用来显示用户不能编辑（窗体运行后无法编辑）的文本，常用属性为 Text。

4. 文本框控件 TextBox

文本框控件 abl TextBox 是一个文本编辑区域，用于提供用户输入或显示文本，常用属性为 Text，默认事件为 TextChanged，在文本框中的文本发生变化时触发。此外，还有 KeyDown、KeyPress 和 KeyUp 事件，用于响应键盘按键事件。

Multiline 属性设置为 True 可以使文本框变为多行，PasswordChar 属性可以设置密码字符，ReadOnly 属性设置为 True 可以让文本框只读。

5. 单选按钮控件 RadioButton

当同一组有多个单选按钮时，只能有一个单选按钮控件 ⊙ RadioButton 被选中。其中，同一个容器中的单选按钮是一组，窗体 Form、面板 Panel 和群组框 GroupBox 都是常用容器。⊙ 符号的右边为选项说明文字，通过 Text 属性设置。Checked 属性用来设置或者判断控件是否选中，属性值为 True，表示选中，符号为 ⊙ ，为 False，表示未选中，符号为 ○。

当用户单击单选按钮时，其选中状态会发生改变，同时触发默认的 CheckedChanged 事件。

6. 复选框控件 CheckBox

复选框控件 ☑ CheckBox 允许用户选择一个和多个，选中状态为 ☑ ，未选中状态为 □。CheckBox 控件的属性和事件与 RadioButton 控件基本一样，此处不再赘述。

7. 列表框控件 ListBox

列表框控件 ListBox 以列表项的形式显示一系列选项，可以从中选择一项或多项。如果有较多的选项，超出列表框区域而不能一次全部显示时，会自动出现滚动条。列表框最主要的特点是只能从中选择，而不能写入或修改内容。默认事件为 SelectedIndexChanged，在 SelectedIndex 属性更改后触发。GetSelected 方法返回一个值，指示是否选定了指定项。

Items 属性用于获取对当前存储在列表框中的项的引用，其值是列表框中所有项的集合。“列表框名.Items.Count” 返回总行数。通过 “列表框名.Items[下标]” 可以获取或者设置某一项的值，也可以编辑列表框中的选项。

列表框的常用方法有：Add 方法（在列表框中添加新项），Insert 方法（在列表框中的指定索引位置添加新项），Clear 方法（清除列表框中的所有项），Remove 方法（删除列表框中相符的项），RemoveAt 方法（删除列表框中指定索引位置的项）。

SelectionMode 属性的属性值为 One，表示同时只能有一个选项被选中；属性值为 MultiSimple，表示可以用鼠标进行多选；属性值为 MultiExtended，表示可以用 Ctrl 键或 Shift 键+鼠标进行多选。

SelectedIndex 属性用于返回列表框中第一个选定项的下标。

SelectedItem 属性用于返回列表框中第一个选定项，通常是字符串值。

8. 组合框控件 ComboBox

组合框控件 ComboBox 是组合了文本框和列表框的特性而形成的一种控件，其作用与 ListBox 类似，但是占用的空间要小。常用属性为 Items，默认事件为 SelectedIndexChanged。

DropDownStyle 属性：属性值为 Simple 时，显示在窗体中的是文本框和列表框，列表框不能被收起；属性值为 DropDown 时，既可输入又可选择；属性值为 DropDownList 时，只可选择不可输入。

9. 图片框控件 PictureBox

图片框控件 PictureBox 用来显示图像。通过单击 Image 属性旁的...图标可以选择图片框中的图片。ImageLocation 属性用来设置图片文件的路径，可以是相对路径（相对路径的参照是最后编译生成的可执行文件 exe），也可以是绝对路径。

10. 图片列表控件 ImageList

图片列表控件 ImageList 相当于一个图片数组，主要功能是为程序提供一系列同一尺寸的图片。单击 Images 属性旁的...图标可以将零散的图片组成一个数组，使用“ImageList 组件对象名.Images[下标]”即可访问图片。ImageList 在运行时是不可见的，在设计时会自动添加到“窗体设计器”的下方。

11. 计时器控件 Timer

计时器控件 Timer 每隔 Interval 时间触发一次，默认事件 Tick。

Interval 属性：计时器工作的时间间隔，单位为 ms。

Enabled 属性：属性值为 True，计时器开始工作；属性值为 False，计时器停止工作。

9.3.3 常用控件的典型用法

【例9-6】在窗体上添加一个 TextBox 控件，用于输入密码，同时窗体上的 Label 控件显示输入的内容。

（1）创建一个“Windows 应用程序”，项目名称为 LabelTest。

（2）在项目中将窗体 Form1 重命名为 FormLabel，其 Text 属性值设置为“显示信息的控件”。

（3）在窗体中添加三个 Label 控件、两个 TextBox 控件，效果如图 9-9 所示。并按表 9-4 为各个控件设置相关属性。

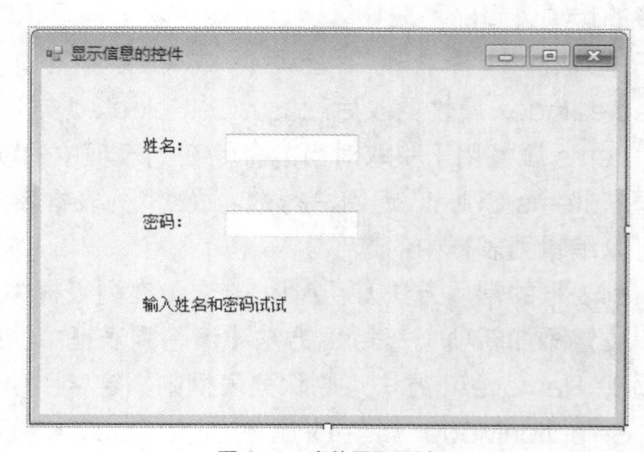

图 9-9 窗体界面设计

表 9-4　控件属性

对象	属性	属性值	对象	属性	属性值
标签 1	Name	lblname	文本框 1	Name	txtname
	Text	姓名:	文本框 2	Name	txtpwd
标签 2	Name	lblpwd		PasswordChar	*
	Text	密码:	标签 3	Name	lblinfo
				Text	输入姓名和密码试试

（4）双击 txtpwd，为文本框 2 添加 TextChanged 事件处理程序，代码如下：

```
private void txtpwd_TextChanged(object sender, EventArgs e)
{
  lblinfo.Text = txtname.Text + "您输入的密码是" + txtpwd.Text;
}
```

（5）单击 ▶ 按钮运行程序，在文本框中输入数据，查看结果，如图 9-10 所示。

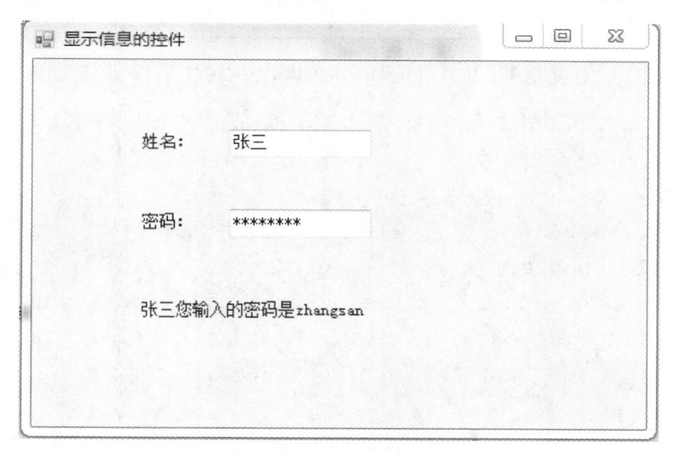

图 9-10　窗体运行效果

【例 9-7】 在窗体上添加一个复选框组，用于选择字体，一个单选按钮组，用于选择颜色。

（1）创建一个“Windows 应用程序”，项目名称为 ButtonTest。

（2）在项目中将窗体 Form1 重命名为 FormButton，其 Text 属性值设置为“复选框和单选按钮”。

（3）在窗体中添加一个 TextBox 控件、两个 GroupBox 控件、四个 CheckBox 控件、四个 RadioButton 控件，效果如图 9-11 所示。并按表 9-5 为各个控件设置相关属性。

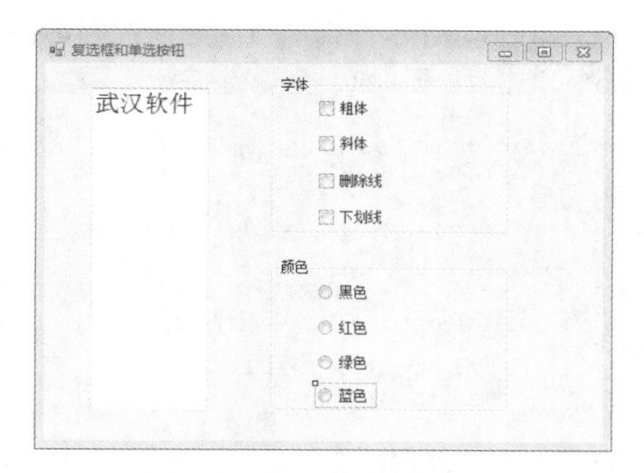

图 9-11　窗体界面设计

表 9-5 控件属性

对象	属性	属性值	对象	属性	属性值
文本框	Name	txtinfo	GroupBox1	Name	groupfont
	Text	武汉软件		Text	字体
	Font	宋体, 16pt	GroupBox2	Name	groupcolor
	Multiline	true		Text	颜色
复选框 1	Name	chkBold	单选按钮 1	Name	rdbBlack
	Text	粗体		Text	黑色
复选框 2	Name	chkItalic	单选按钮 2	Name	rdbRed
	Text	斜体		Text	红色
复选框 3	Name	chkStrikeout	单选按钮 3	Name	rdbGreen
	Text	删除线		Text	绿色
复选框 4	Name	chkUnderline	单选按钮 4	Name	rdbBlue
	Text	下划线		Text	蓝色

（4）双击 chkBold，为复选框 1 添加 CheckedChanged 事件处理程序，代码如下：

```
private void chkBold_CheckedChanged(object sender, EventArgs e)
{
  FontStyle style = FontStyle.Regular;
  if (chkBold.Checked) style |= FontStyle.Bold;
  if (chkItalic.Checked) style |= FontStyle.Italic;
  if (chkStrikeout.Checked) style |= FontStyle.Strikeout;
  if (chkUnderline.Checked) style |= FontStyle.Underline;
  txtinfo.Font = new Font(txtinfo.Font.Name, txtinfo.Font.Size, style);
}
```

（5）在复选框 2~4 的 CheckedChanged 事件右侧的下拉列表中选择 chkBold_CheckedChanged，为这三个控件添加 CheckedChanged 事件处理程序，也就是说，四个复选框的 CheckedChanged 事件都执行同一段代码，避免了代码重复编写。

（6）双击 rdbBlack，为单选按钮 1 添加 CheckedChanged 事件处理程序，代码如下：

```
private void rdbBlack_CheckedChanged(object sender, EventArgs e)
{
  if (rdbBlack.Checked) txtinfo.ForeColor = Color.Black;
  if (rdbRed.Checked) txtinfo.ForeColor = Color.Red;
  if (rdbGreen.Checked) txtinfo.ForeColor = Color.Green;
  if (rdbBlue.Checked) txtinfo.ForeColor = Color.Blue;
}
```

（7）在单选按钮 2~4 的 CheckedChanged 事件右侧的下拉列表中选择 rdbBlack_CheckedChanged，为这三个控件添加 CheckedChanged 事件处理程序。

（8）单击 ▶ 按钮运行程序，查看结果，如图 9-12 所示。

【例 9-8】 在窗体上添加两个列表框、两个按钮，用来实现列表框中项目的选择和移动。

（1）创建一个“Windows 应用程序”，项目名称为 ListTest。

（2）在项目中将窗体 Form1 重命名为 FormList，其 Text 属性值设置为“列表框”。

（3）在窗体中添加两个 ListBox 控件、两个 Button 控件，效果如图 9-13 所示，并按表 9-6 所示为各个控件设置相关属性。

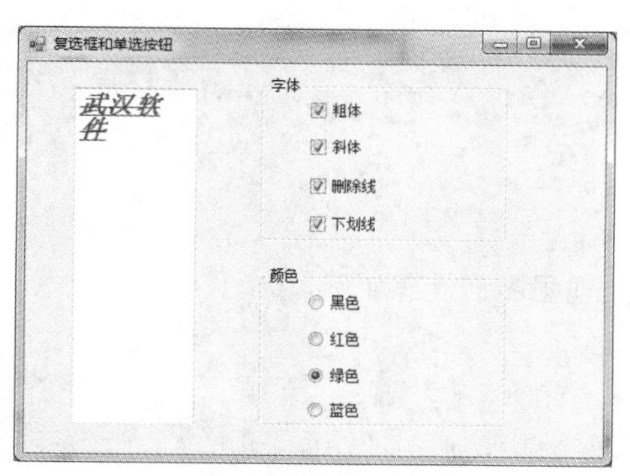
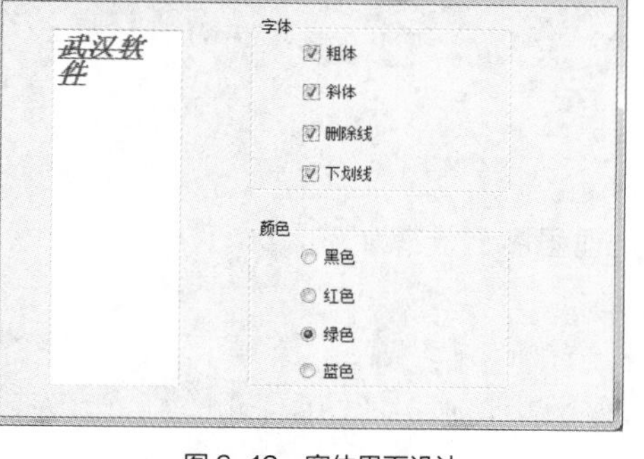

图 9-12　窗体界面设计

图 9-13　窗体效果

表 9-6　控件属性

对象	属性	属性值	对象	属性	属性值
按钮 1	Name	btnAdd	列表框 1	Name	listleft
	Text	>		SelectionMode	MultiSimple
按钮 2	Name	btnAddall	列表框 2	Name	listright
	Text	>>			

（4）双击窗体，为 FormList 添加 Load 事件处理程序，代码如下：

```
private void FormList_Load(object sender, EventArgs e)
{
  listleft.Items.Add("武汉");
  listleft.Items.Add("北京");
  listleft.Items.Add("上海");
  listleft.Items.Add("广州");
  listleft.Items.Add("深圳");
  listleft.Items.Add("杭州");
}
```

（5）双击 btnAdd，为按钮添加 Click 事件处理程序，代码如下：

```
private void btnAdd_Click(object sender, EventArgs e)
{
  if (listleft.SelectedIndex == -1) MessageBox.Show("左边的列表框至少选择一项");
  else
```

```
    {
      for (int i = 0; i < listleft.Items.Count; i++)
      {
        if (listleft.GetSelected(i)) listright.Items.Add(listleft.Items[i]);
      }
      //请思考为什么这里 i 从大到小变化，使用 for (int i = 0; i < listleft.Items.
      //Count; i++)可以吗？
      for (int i = listleft.Items.Count - 1; i >= 0; i--)
      {
        if (listleft.GetSelected(i)) listleft.Items.RemoveAt(i);
      }
    }
  }
```

（6）双击 btnAddall，为按钮添加 Click 事件处理程序，代码如下：

```
  private void btnAddall_Click(object sender, EventArgs e)
  {
    for (int i = 0; i < listleft.Items.Count; i++) listright.Items.Add (lis
tleft.Items[i]);
    listleft.Items.Clear();
  }
```

（7）单击 ▶ 按钮运行程序，查看结果，如图 9-14 和图 9-15 所示。

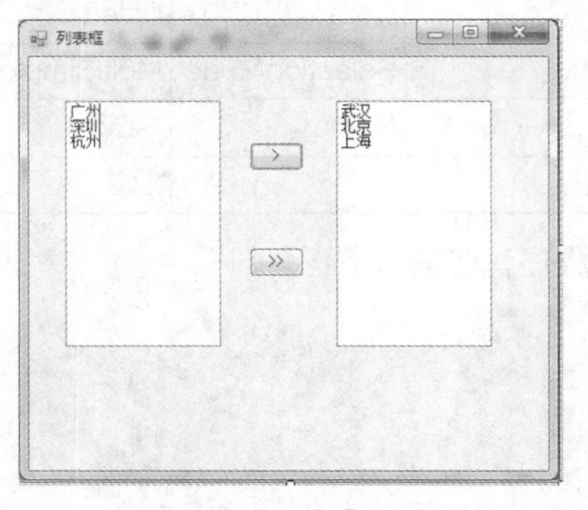

图 9-14　单击“>”按钮的效果

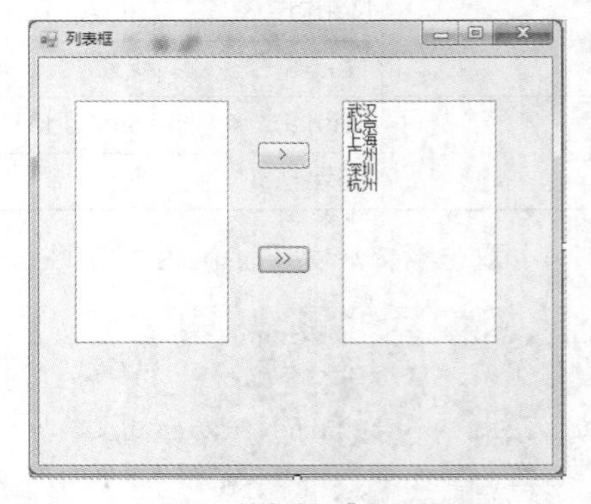

图 9-15　单击“>>”按钮的效果

【例 9-9】在窗体上添加一个图片框，在组合框中显示图片选项，用按钮实现对选中项的图片的预览。

（1）创建一个“Windows 应用程序”，项目名称为 ImageTest。

（2）在项目中将窗体 Form1 重命名为 FormImage，其 Text 属性值设置为“图片框”。

（3）从网上下载三张分辨率为 1024×768 像素的图片备用。

（4）右键单击“解决方案资源管理器”窗口中的“ImageTest”→“添加”→“新建文件夹”，将文件夹命名为“Image”。右键单击“Image”→“添加”→“现有项”，在弹出的“添加现有项”对话框中，“文件类型”选择“图像文件”，找到步骤（3）中三张图片所在目录，添加三张图片到 Image 文件夹中。

（5）在窗体中添加一个 ImageList 控件，单击 Images 属性右侧的...图标，打开“图像集合编辑器”，单击“添加”按钮，选择本项目所在目录下的 Image 文件夹，添加三张图片到“图像集合编辑器”中，如图 9-16 所示。

（6）在窗体中添加一个 PictureBox 控件、一个 ComboBox 控件、一个 Label 控件、一个 TextBox 控件、两个 Button 控件、一个 Timer 控件，效果如图 9-17 所示。并按表 9-7 为各个控件设置相关属性。

表 9-7　控件属性

对象	属性	属性值	对象	属性	属性值
标签 1	Text	人物说明	ImageList	Name	imageList1
按钮 1	Name	btnBrowse		ImageSize	256,192
	Text	图片浏览	图片框 1	Name	picRole
按钮 2	Name	btnStop		Size	256,192
	Text	停止浏览	计时器	Name	picTimer
文本框 1	Name	txtDes		Interval	1000
	Multiline	True	组合框 1	Name	comName
	ReadOnly	True			

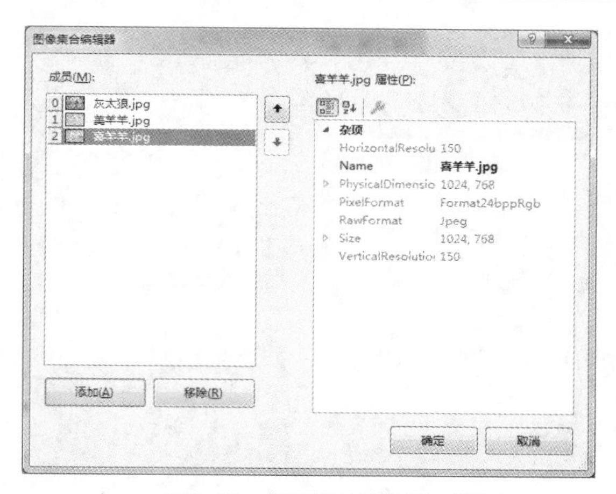

图 9-16　“图像集合编辑器”对话框

图 9-17　窗体界面设计

（7）右键单击“解决方案资源管理器”中的“ImageTest”→“添加”→“类”，打开“添加新项”对话框，在“名称”文本框中输入“Person.cs”，代码如下。

```
using System;
using System.Collections.Generic;
using System.Text;
using System.Drawing;//记得要添加命名空间
namespace ImageTest
{
  class Person
```

```
    {
      public Image pic;
      public String name;
      public String description;
    }
  }
```

（8）右键单击“解决方案资源管理器”中的“FormImage.cs”→“查看代码”，为类 FormImage 增加一个 Person 类的对象数组 persons 并初始化，代码如下：

```
namespace ImageTest
{
  public partial class FormImage : Form
  {
    Person[] persons=new Person[3];      //需要自己添加的代码，对象数组
    int i=0;                             //在图片浏览的时候记录图片顺序
    public FormImage()
    {
      InitializeComponent();
      //以下代码需要自己添加
      for (int i = 0; i < 3; i++)
      {
        persons[i] = new Person();
        persons[i].pic = imageList1.Images[i];
      }
      persons[0].name = "灰太狼";
      persons[0].description = "动画片《喜羊羊与灰太狼》人物之灰太狼";
      persons[1].name = "美羊羊";
      persons[1].description = "动画片《喜羊羊与灰太狼》人物之美羊羊";
      persons[2].name = "喜羊羊";
      persons[2].description = "动画片《喜羊羊与灰太狼》人物之喜羊羊";
    }
  }
}
```

（9）双击窗体，为 FormImage 添加 Load 事件处理程序，代码如下：

```
private void FormImage_Load(object sender, EventArgs e)
{
  for (int i = 0; i < 3; i++)
    comName.Items.Add(persons[i].name);
  comName.SelectedIndex = 0;
  picRole.Image = persons[comName.SelectedIndex].pic;
  txtDes.Text = persons[comName.SelectedIndex].description;
}
```

（10）双击ComboBox，为该控件添加SelectedIndexChanged事件处理程序，代码如下：

```
private void comName_SelectedIndexChanged(object sender, EventArgs e)
{
  picRole.Image = persons[comName.SelectedIndex].pic;
  txtDes.Text = persons[comName.SelectedIndex].description;
}
```

（11）双击“图片浏览”，为该控件添加Click事件处理程序，代码如下：

```
private void btnBrowse_Click(object sender, EventArgs e)
{
  picTimer.Enabled = true;
}
```

（12）双击“停止浏览”，为该控件添加Click事件处理程序，代码如下：

```
private void btnStop_Click(object sender, EventArgs e)
{
  picTimer.Enabled = false;
}
```

（13）双击Timer，为该控件添加Tick事件处理程序，代码如下：

```
private void picTimer_Tick(object sender, EventArgs e)
{
  i++;
  if (i == 3) i = 0;
  picRole.Image = persons[i].pic;
  txtDes.Text = persons[i].description;
  comName.SelectedIndex = i;
}
```

（14）单击 ▶ 按钮运行程序，查看结果。

9.4 基于Windows Forms的程序设计

本节主要由六个任务组成：【例9-10】是MenuStrip控件的使用，用来设置图片的缩放比例和退出程序；【例9-11】是ToolStrip控件的使用，实现与MenuStrip控件同样的功能，用来设置图片缩放比例与退出程序；【例9-12】是StatusStrip控件的使用，用来显示当前时间和缩放比例。【例9-10】、【例9-11】和【例9-12】合起来是一个完整的小程序。【例9-13】是MessageBox控件的使用，【例9-14】是RichTextBox控件、OpenDialog控件、SaveDialog控件、ColorDialog控件和FontDialog控件的使用。【例9-15】获取对象所关联的图形对象Graphics，创建画笔和画刷，使用Graphics对象的常用绘图方法。

【例9-10】、【例9-11】和【例9-12】实现的最终程序功能如下。

（1）菜单如图 9-18 和图 9-19 所示，可以改变图片的缩放比例和退出程序。

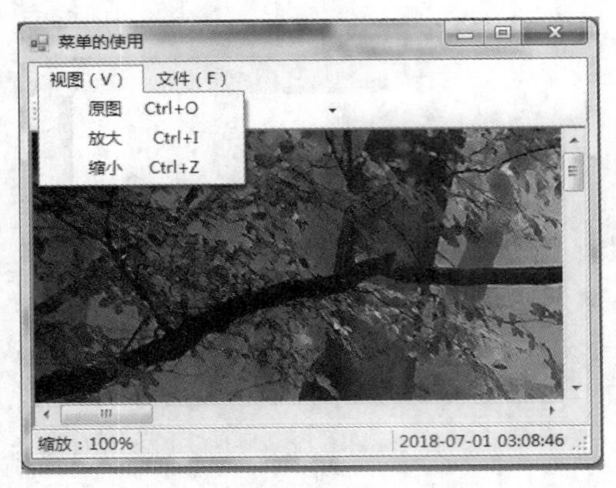

图 9-18 主菜单中的“视图”菜单

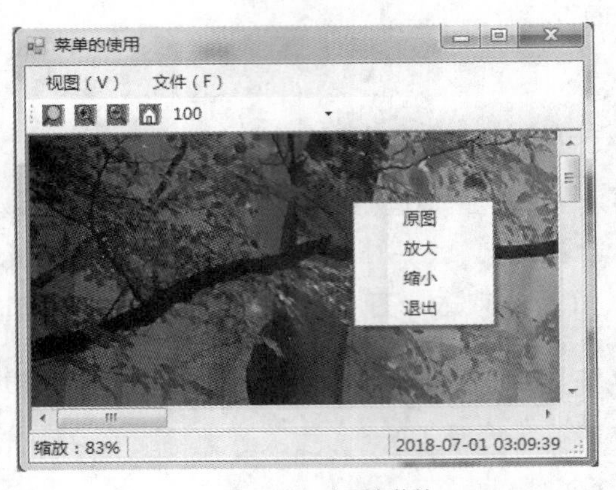

图 9-19 上下文菜单

（2）工具栏按钮的效果及功能如图 9-20 所示，可以改变图片的缩放比例和退出程序。输入 15 之后按回车键，效果如图 9-21 所示。

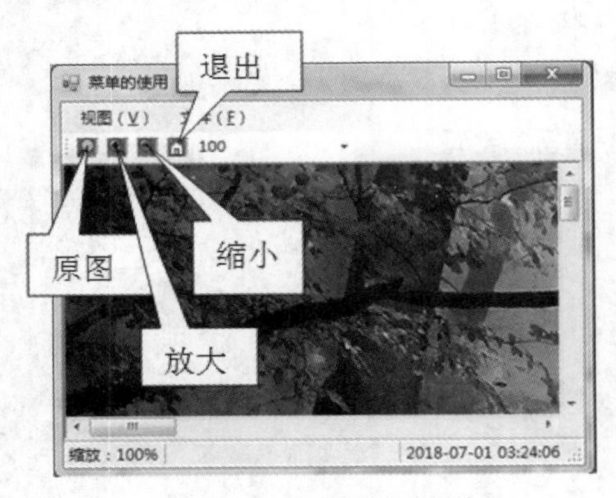

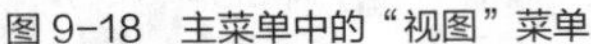

图 9-20 工具栏及状态栏效果

图 9-21 程序运行效果

（3）状态栏的效果及功能如图 9-21 所示，可以显示缩放比例和当前系统时间。

【例 9-10】 使用 MenuStrip 控件在窗体上添加一个菜单。

（1）创建一个“Windows 应用程序”，项目名称为 MenuTest。

（2）在项目中将窗体 Form1 重命名为 FormMenu，其 Text 属性值设置为“菜单的使用”。

（3）从“工具箱”窗口拖动一个 MenuStrip 控件到窗体上，MenuStrip 将自动添加到窗体的上部边缘并填充整个上方，同时在窗体下方显示一个代表菜单的图标，如图 9-22 所示。此时，初始化菜单包含一个标注为“请在此处键入”的文本框。如果需要添加一个顶层菜单项，可单击此文本框，然后输入菜单项文本。新的菜单项添加到菜单后，右侧和下方会出现两个“请在此处键入”的文本框，一个是下方的菜单项，另一个是级联菜单或者顶层菜单（如果刚刚键入的菜单不是顶层菜单），如图 9-23 所示。此时可以继续添加菜单项，直到所需要的菜单全部填满。需要注意的是，在向主菜单控件添加第一个菜单项之前，单击窗体或其他控件，窗体上的主菜单会消失；要使主菜单再次显示，可以单击窗体下方的主菜单图标。

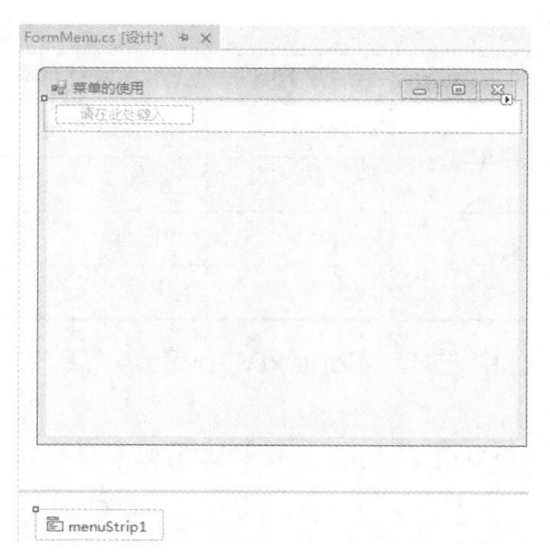

图 9-22　添加“菜单”控件

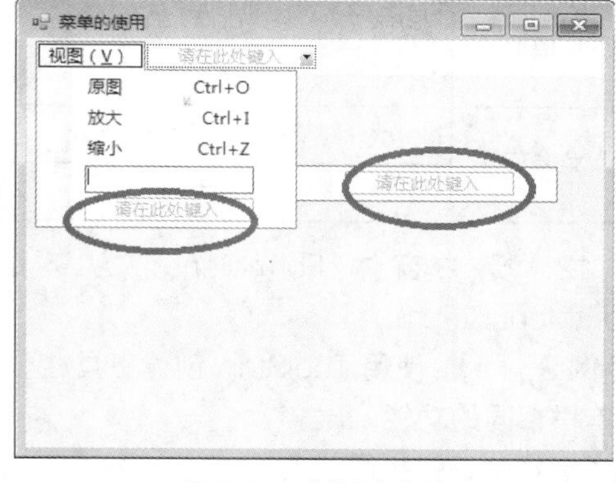

图 9-23　“菜单”效果

（4）在第一个菜单项中输入“视图（&V）”，“&”是助记符，程序运行时，按 Alt 键和助记符会选中该菜单项；修改 Name 属性为 MenuItemView。

（5）在“视图”菜单项下方输入“原图”，输入完之后单击“原图”菜单项前的空白处，该菜单项的 Name 属性修改为 MenuItemOriginal，ShortcutKeys 属性设置为 Ctrl+O。

（6）使用与步骤（5）同样的方式输入“放大”，Name 属性修改为 MenuItemZoomIn，ShortcutKeys 属性设置为 Ctrl+I。

（7）使用与步骤（5）同样的方式输入“缩小”，Name 属性修改为 MenuItemZoomOut，ShortcutKeys 属性设置为 Ctrl+Z。

（8）在“视图”菜单项右侧输入“文件（&F）”，修改 Name 属性为 MenuItemFile。

（9）在“文件”菜单项下方输入“退出”，Name 属性修改为 MenuItemExit，ShortcutKeys 属性设置为 Ctrl+E。

（10）菜单属性值设置如表 9-8 所示。

表 9-8　控件属性

对象	属性	属性值	对象	属性	属性值
“视图”菜单项	Name	MenuItemView	“缩小”菜单项	Name	MenuItemZoomOut
	Text	视图（&V）		Text	缩小
“原图”菜单项	Name	MenuItemOriginal		ShortcutKeys	Ctrl+Z
	Text	原图	“文件”菜单项	Name	MenuItemFile
	ShortcutKeys	Ctrl+O		Text	文件（&F）
“放大”菜单项	Name	MenuItemZoomIn	“退出”菜单项	Name	MenuItemExit
	Text	放大		Text	退出
	ShortcutKeys	Ctrl+I		ShortcutKeys	Ctrl+E

（11）从“工具箱”窗口拖动一个 ContextMenuStrip 控件到窗体上，按照表 9-9 设置每一个菜单项的属性。

表 9-9 设置控件属性

对象	属性	属性值	对象	属性	属性值
“原图”菜单项	Name	cntOriginal	“缩小”菜单项	Name	cntZoomOut
	Text	原图		Text	缩小
“放大”菜单项	Name	cntZoomIn	“退出”菜单项	Name	cntExit
	Text	放大		Text	退出

（12）选中窗体 FormMenu，从下拉列表框中选择 ContextMenuStrip 属性值为 contextMenuStrip1。

【例 9-11】 使用 ToolStrip 创建工具栏。在【例 9-10】的基础上为窗体添加工具栏，实现与菜单栏相同的功能。

（1）找到四张小图片备用。

（2）从“工具箱”窗口拖动一个 ToolStrip 控件到窗体上，ToolStrip 将自动添加到窗体的上部边缘并填充整个上方（在 MenuStrip 下方），同时在窗体下方显示一个代表工具栏的图标。单击图标为工具栏添加一个 Button 控件，如图 9-24 所示，设置 Name 属性为 tsbOrg。单击属性 Image 的，打开“选择资源”对话框，选中“项目资源文件”→“导入”→四张图片“原图，放大，缩小，退出”，并选择“原图”，单击“确定”按钮。修改 ToolTipText 属性值为“原图”。

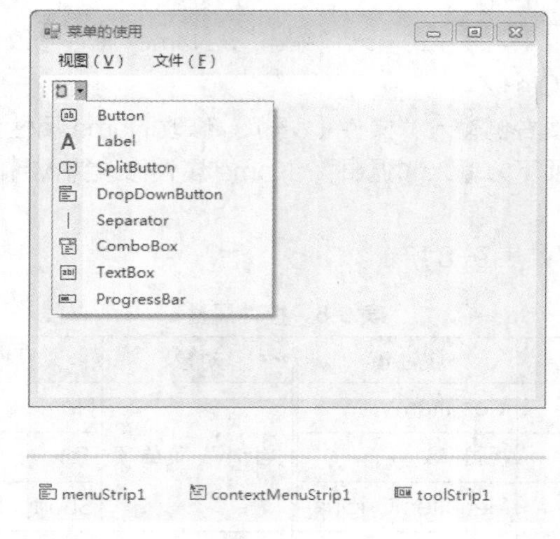

图 9-24 工具栏效果

（3）单击图标为工具栏添加一个 Button 控件，设置 Name 属性为 tsbIn，单击属性 Image 的，打开“选择资源”对话框，选中“项目资源文件”单选按钮，选择“放大”，单击“确定”按钮。修改 ToolTipText 属性值为“放大”。

（4）单击图标为工具栏添加一个 Button 控件，设置 Name 属性为 tsbOut，单击属性 Image 的，打开“选择资源”对话框，选中“项目资源文件”单选按钮，选择“缩小”，单击“确定”按钮。修改 ToolTipText 属性值为“缩小”。

（5）单击图标为工具栏添加一个 Button 控件，设置 Name 属性为 tsbExit。单击属性

Image 的[...]，打开“选择资源”对话框，选中“项目资源文件”单选按钮，选择“退出”，单击“确定”按钮。修改 ToolTipText 属性值为“退出”。

（6）单击图标为工具栏添加一个 ComboBox 控件，设置 Name 属性为 tsbMultiples。至此完成工具栏的设计。工具栏各属性设置如表 9-10 所示。

表 9-10　控件属性

对象	属性	属性值	对象	属性	属性值
按钮 1	Name	tsbOrg	按钮 3	Name	tsbOut
	ToolTipText	原图		ToolTipText	缩小
	Image			Image	
按钮 2	Name	tsbIn	按钮 4	Name	tsbExit
	ToolTipText	放大		ToolTipText	退出
	Image			Image	
组合框	Name	tsbMultiples			

【例 9-12】 使用 StatusStrip 创建状态栏。在【例 9-11】的基础上为窗体添加状态栏，用来显示时间。

（1）从“工具箱”窗口拖动一个 StatusStrip 控件到窗体上，StatusStrip 将自动添加到窗体的下边缘并填充整个下方，同时在窗体下方显示一个代表状态栏的图标。单击图标为状态栏添加一个 StatusLabel 控件，设置 Name 属性值为 tssZoom，设置 Text 属性值为“缩放：100%”。

（2）单击图标为状态栏再添加一个 StatusLabel 控件，设置 Name 属性值为 tssSpring，设置 Text 属性值为空，设置 Spring 属性值为 True，属性 BorderSides 选择“左”“右”复选框。

（3）单击图标为状态栏再添加一个 StatusLabel 控件，设置 Name 属性值为 tssTime，Text 属性值为空。

（4）放置一个 Panel 控件、一个 PictureBox 控件到窗体上，各属性的设置如表 9-11 所示。

表 9-11　控件属性

对象	属性	属性值	对象	属性	属性值
状态标签 1	Name	tssZoom	状态标签 3	Name	tssTime
	Text	缩放：100%		Text	
状态标签 2	Name	tssSpring	图片框	Name	picImage
	Text			SizeMode	Zoom
	Spring	True	面板	Name	Panel1
	BorderSides	Left, Right		AutoScroll	True
				BorderStyle	Fixed3D

（5）右键单击窗体 FormMenu 后选择“查看代码”，为类 FormMenu 添加方法 ImgLayout()、ZoomIn()、ZoomOut()、ZoomOrg()和 Zoom()。添加完之后的 FormMenu.cs 代码如下：

```
using System;
```

```
using System.Collections.Generic;
using System.ComponentModel;
using System.Data;
using System.Drawing;
using System.Text;
using System.Windows.Forms;

namespace MenuTest
{
  public partial class FormMenu : Form
  {
    public FormMenu()
    {
      InitializeComponent();
    }
    private void ImgLayout()
    {
      int w, h;

      //设置面板控件的位置和大小
      panel1.Top = toolStrip1.Height + menuStrip1.Height;
      panel1.Left = 0;
      panel1.Width = this.ClientSize.Width;
      panel1.Height = this.ClientSize.Height - (toolStrip1.Height + menu
                      Strip1.Height + statusStrip1.Height);

      //设置图片框控件的位置，当图片框小于面板控件时，居中显示
      //当图片框大于面板控件时，左上角与面板控件对齐
      w = panel1.Width - picImage.Width;
      h = panel1.Height - picImage.Height;
      if (w > 0)
        picImage.Left = w / 2;
      else
        picImage.Left = 0;

      if (h > 0)
        picImage.Top = h / 2;
      else
        picImage.Top = 0;
    }

    //自定义函数 ZoomOut()用于缩小图像
    private void ZoomOut()
    {
```

```
        picImage.Width=(int)(picImage.Width/1.2);
        picImage.Height=(int)(picImage.Height/1.2);
        tssZoom.Text = "缩放："+(int)(picImage.Width * 100/ picImage.Image.
                        Width )+"%";
        ImgLayout();
      }

      //自定义函数 ZoomIn()用于放大图像
      private void ZoomIn()
      {
        picImage.Width=(int)(picImage.Width*1.2);
        picImage.Height=(int)(picImage.Height*1.2);
        tssZoom.Text = "缩放："+(int)(picImage.Width * 100/ picImage.Image.
                        Width )+"%";
        ImgLayout();
      }

      //自定义函数 ZoomOrg()用于设置图像为原图大小
      private void ZoomOrg()
      {
        picImage.Width = (int)picImage.Image.Width;
        picImage.Height = (int)picImage.Image.Height;
        tssZoom.Text ="缩放：100%";
        ImgLayout();
      }

      //自定义函数 Zoom()用于设置图像为指定大小
      private void Zoom()
      {
        picImage.Width = (int)(picImage.Image.Width *
                              Convert.ToInt16(tsbMultiples.Text) / 100);
        picImage.Height = (int)(picImage.Image.Height *
                              Convert.ToInt16(tsbMultiples.Text) / 100);
        tssZoom.Text ="缩放："+ tsbMultiples.Text + "%";
        ImgLayout();
      }
    }
}
```

（6）双击窗体 FormMenu，为窗体添加 Load 事件处理程序，代码如下：

```
private void FormMenu_Load(object sender, EventArgs e)
{
  //路径请根据具体机器上的图片位置决定
  picImage.Load(@"C:\WINDOWS\Web\Wallpaper\road.jpg");    //载入图像
```

```
    tsbMultiples.Items.Add("30");
    tsbMultiples.Items.Add("50");
    tsbMultiples.Items.Add("80");
    tsbMultiples.Items.Add("100");
    tsbMultiples.Items.Add("200");
    tsbMultiples.Items.Add("400");
    tsbMultiples.Text = "100";            //设置缩放倍数

    ImgLayout();    //调用 ImgLayout 函数设置各个控件的位置和大小
}
```

（7）选中窗体，单击 ⚡ 图标，为窗体的 Resize 事件添加如下代码：

```
private void FormMenu_Resize(object sender, EventArgs e)
{
    ImgLayout();
}
```

（8）双击主菜单中的“原图”菜单项（Name 为 MenuItemOriginal），为该控件的 Click 事件添加如下代码：

```
private void MenuItemOriginal_Click(object sender, EventArgs e)
{
    ZoomOrg();
}
```

（9）双击主菜单中的“放大”菜单项（Name 为 MenuItemZoomIn），为该控件的 Click 事件添加如下代码：

```
private void MenuItemZoomIn_Click(object sender, EventArgs e)
{
    ZoomIn();
}
```

（10）双击主菜单中的“缩小”菜单项（Name 为 MenuItemZoomOut），为该控件的 Click 事件添加如下代码：

```
private void MenuItemZoomOut_Click(object sender, EventArgs e)
{
    ZoomOut();
}
```

（11）双击主菜单中的“退出”菜单项（Name 为 MenuItemExit），为该控件的 Click 事件添加如下代码：

```
private void MenuItemExit_Click(object sender, EventArgs e)
{
```

```
    Application.Exit();
  }
```

（12）双击工具栏中的按钮，为该控件的Click事件添加如下代码：

```
  private void tsbOrg_Click(object sender, EventArgs e)
  {
    ZoomOrg();
  }
```

（13）双击工具栏中的按钮，为该控件的Click事件添加如下代码：

```
  private void tsbIn_Click(object sender, EventArgs e)
  {
    ZoomIn();
  }
```

（14）双击工具栏中的按钮，为该控件的Click事件添加如下代码：

```
  private void tsbOut_Click(object sender, EventArgs e)
  {
    ZoomOut();
  }
```

（15）双击工具栏中的按钮，为该控件的Click事件添加如下代码：

```
  private void tsbExit_Click(object sender, EventArgs e)
  {
    Application.Exit();
  }
```

（16）选中组合框tsbMultiples，单击图标为组合框的SelectedIndexChanged事件添加如下代码：

```
  private void tsbMultiples_SelectedIndexChanged(object sender, EventArgs e
)
  {
    Zoom();
  }
```

（17）选中组合框tsbMultiples，单击图标为组合框的KeyUp事件添加如下代码：

```
  private void tsbMultiples_KeyUp(object sender, KeyEventArgs e)
  {
    if (e.KeyValue == 13) Zoom();//输入一个值后按回车
  }
```

（18）双击上下文菜单中的“原图”菜单项（Name为cntOriginal），为该控件的Click事件添加如下代码：

```
  private void cntOriginal_Click(object sender, EventArgs e)
```

```
  {
    ZoomOrg();
  }
```

（19）双击上下文菜单中的“放大”菜单项（Name 为 cntZoomIn），为该控件的 Click 事件添加如下代码：

```
private void cntZoomIn_Click(object sender, EventArgs e)
{
  ZoomIn();
}
```

（20）双击上下文菜单中的“缩小”菜单项（Name 为 cntZoomOut），为该控件的 Click 事件添加如下代码：

```
private void cntZoomOut_Click(object sender, EventArgs e)
{
  ZoomOut();
}
```

（21）双击上下文菜单中的“退出”菜单项（Name 为 cntExit），为该控件的 Click 事件添加如下代码：

```
private void cntExit_Click(object sender, EventArgs e)
{
  Application.Exit();
}
```

（22）从“工具箱”窗口拖动一个 Timer 控件到窗体上，设置 Enabled 属性值为“True”，设置 Interval 属性值为“1000”，双击 Timer，为该控件添加 Tick 事件处理程序，代码如下：

```
private void timer1_Tick(object sender, EventArgs e)
{
  tssTime.Text = DateTime.Now.ToString("yyyy-MM-dd hh:mm:ss");
}
```

（23）单击 ▶ 按钮运行程序，查看结果。

【例 9-13】 在窗体上添加一个按钮，单击按钮，可以弹出消息框。

Windows 提供了消息框控件 MessageBox 与用户进行简单的交互。消息框是一种特定的对话框，包括消息、图标、一个或多个按钮，用于向用户显示或通知消息。使用最多的 Show 方法是静态方法，可以使用“类名.方法名”（也就是 MessageBox.Show(...)）的方式调用。Show 方法有多种重载版本，这里列举几个最常用的版本。

- public static DialogResult Show (string text)

参数 text 是要在消息框中显示的文本。返回值为 DialogResult 的枚举值之一。

- public static DialogResult Show (string text,string caption)

参数 text 是要在消息框中显示的文本，参数 caption 是要在消息框的标题栏中显示的文本。

返回值为 DialogResult 的枚举值之一。

- public static DialogResult Show (string text,string caption, MessageBoxButtons buttons)

参数 text 是要在消息框中显示的文本，参数 caption 是要在消息框的标题栏中显示的文本，参数 buttons 是 MessageBoxButtons 的六个枚举值之一，可指定在消息框中显示哪些按钮。返回值为 DialogResult 的枚举值之一。

- public static DialogResult Show (string text,string caption, MessageBoxButtons buttons, MessageBoxIcon icon)

参数 text 是要在消息框中显示的文本，参数 caption 是要在消息框的标题栏中显示的文本，参数 buttons 是 MessageBoxButtons 的六个枚举值之一，可指定在消息框中显示哪些按钮，参数 icon 是 MessageBoxIcon 的九个枚举值之一，可指定在消息框中显示哪个图标。虽然枚举值有九个，但有部分枚举值共用同一个图标。返回值为 DialogResult 的枚举值之一。

（1）创建一个“Windows 应用程序”，项目名称为 MessageBoxTest。

（2）在项目中将窗体 Form1 重命名为 FormMessageBox，Text 属性值设置为“消息框的使用”。

（3）从“工具箱”窗口拖动一个 Button 控件到窗体上，双击 Button，为该控件添加 Click 事件处理程序，代码如下：

```
private void button1_Click(object sender, EventArgs e)
{
  MessageBox.Show("text 参数用作文本内容","caption 参数用作标题",
        MessageBoxButtons.AbortRetryIgnore, MessageBoxIcon.Information);
}
```

（4）单击 ▶ 按钮运行程序，效果如图 9-25 所示。建议改变参数枚举值试试效果。

【例 9-14】 RichTextBox 控件、OpenDialog 控件、SaveDialog 控件、ColorDialog 控件和 FontDialog 控件的使用。在窗体上添加一个 RichTextBox 控件、两个 Panel 控件和四个按钮控件，分别用来打开文件、保存文件、设置字体和颜色。程序运行界面如图 9-26 所示。

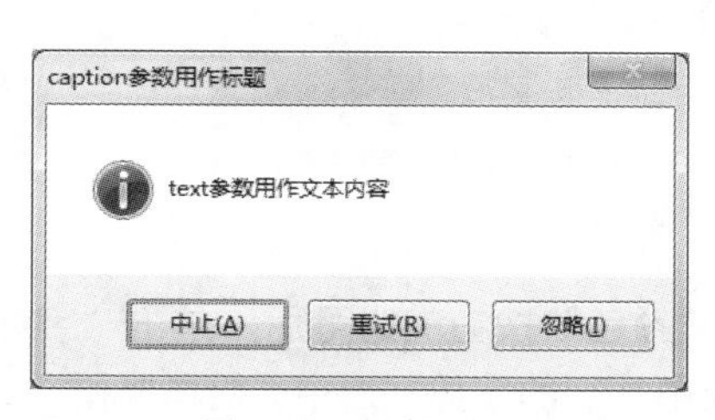

图 9-25　程序运行界面

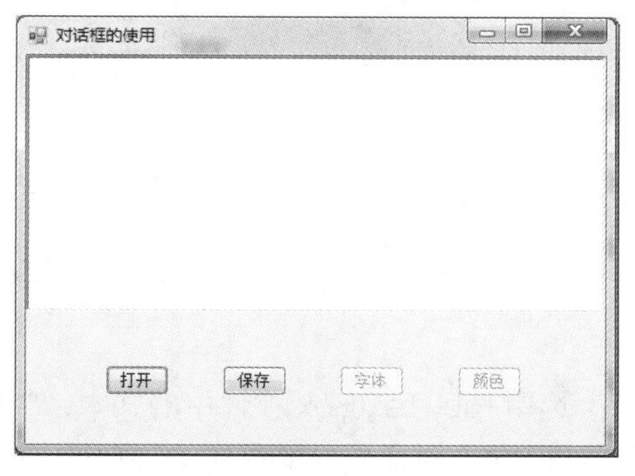

图 9-26　程序运行界面

具体实现功能和效果如下所示。

（1）单击“打开”按钮，显示“打开”对话框，可以选择想要打开的文件，如图 9-27 所示，注意文件类型的筛选。

图 9-27 “打开”对话框

（2）单击“保存”按钮，显示“另存为”对话框，可以选择想要保存的路径，如图 9-28 所示。

图 9-28 “另存为”对话框

（3）选中 RichTextBox 控件中的文本，“字体”和“颜色”按钮变为可用。单击“字体”按钮，显示“字体”对话框，如图 9-29 所示，可以改变选中文字的字体。选中“粗体”和“二号”，单击“确定”按钮后效果如图 9-30 所示。单击“颜色”按钮，显示“颜色”对话框，如图 9-31 所示，可以改变选中文字的颜色。选中红色后单击“确定”按钮，效果如图 9-32 所示。

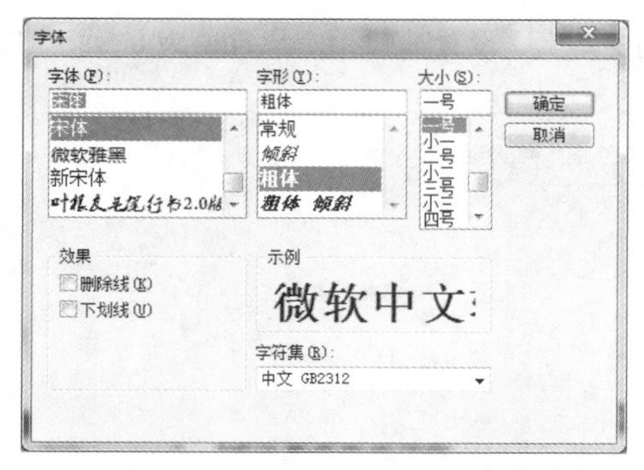

图 9-29　“字体”对话框

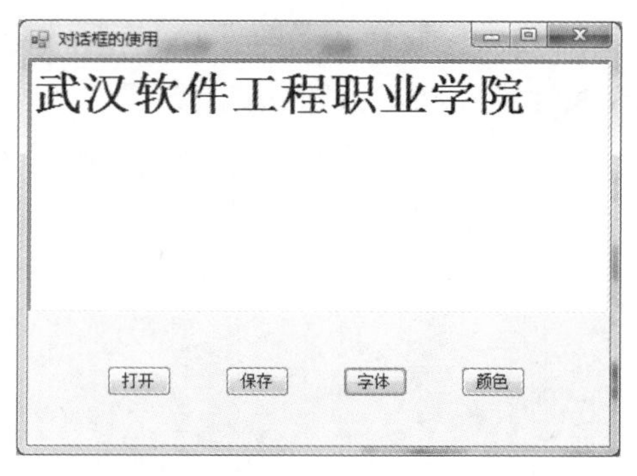

图 9-30　程序运行效果

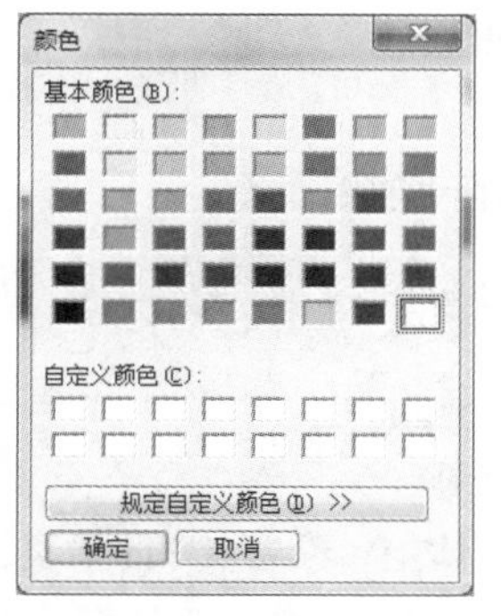

图 9-31　“颜色”对话框

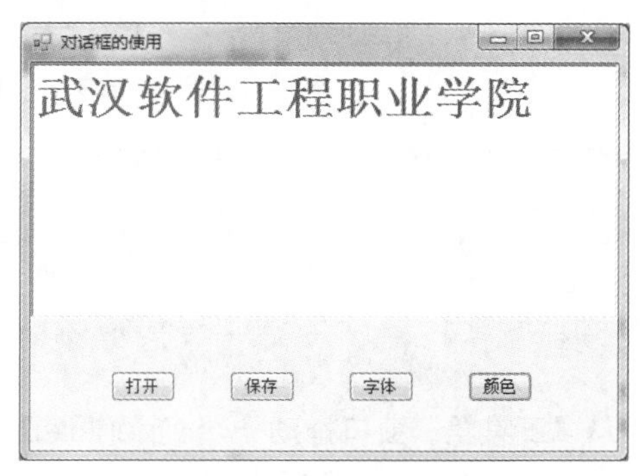

图 9-32　程序运行效果

具体实现步骤如下所示。

（1）创建一个“Windows 应用程序”，项目名称为 DialogTest。

（2）在项目中将窗体 Form1 重命名为 FormDialog，Text 属性值设置为“对话框的使用”，Size 属性值设置为“440, 330”。

（3）从“工具箱”窗口拖动一个 Panel 控件到窗体上，设置其 Name 属性值为 panelout、Dock 属性值为 Bottom。

（4）从“工具箱”窗口拖动一个 Panel 控件到面板 panelout 上，设置其 Name 属性值为 panelin。

（5）从“工具箱”窗口拖动四个 Button 控件到面板 panelin 上，按表 9-12 为四个按钮设置相关属性。选中四个按钮，单击菜单“格式”→“使大小相同”→“两者”，使四个按钮大小相同；单击菜单“格式”→“水平间距”→“相同间隔”，使四个按钮水平间距相同。

表 9-12　控件属性

对象	属性	属性值	对象	属性	属性值
按钮 1	Name	btnOpen	按钮 2	Name	btnSave
	Text	打开		Text	保存
按钮 3	Name	btnFont	按钮 4	Name	btnColor
	Text	字体		Text	颜色
	Enabled	False		Enabled	False

（6）从“工具箱”拖动一个 RichTextBox 控件到窗体上，设置其 Name 属性值为 ContentText、Dock 属性值为 Fill，如图 9-33 所示。

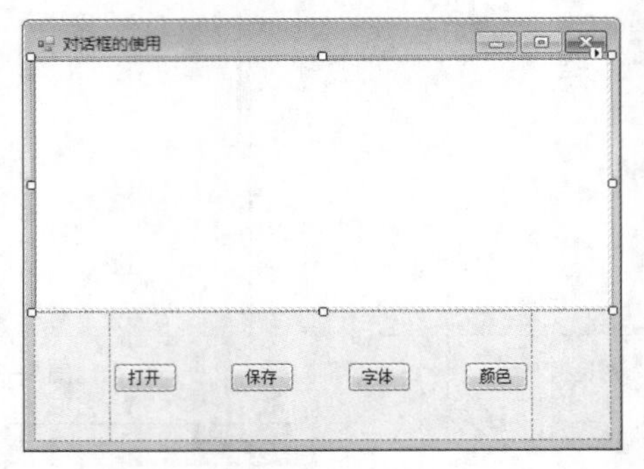

图 9-33 窗体效果

（7）选中窗体，单击 图标为窗体的 Resize 事件添加如下代码：

```
private void FormDialog_Resize(object sender, EventArgs e)
{
  panelin.Left = (ClientSize.Width - panelin.Width) / 2;
}
```

（8）从“工具箱”窗口拖动一个 OpenFileDialog 控件到窗体上，设置其 Filter 属性值为“富文本文档(*.rtf)| *.rtf | 文本文档(*.txt)| *.txt”（每一种文件类型以“|”间隔，“|”前是显示用，“|”后是筛选文件后缀的类型）、FileName 属性值为空。双击“打开”按钮，为按钮的 Click 事件添加如下代码：

```
private void btnOpen_Click(object sender, EventArgs e)
{
  if (openFileDialog1.ShowDialog() == DialogResult.OK)
  {
    try
    {
      //判断文件的后缀名，不同的文件类型使用不同的参数打开
      if (openFileDialog1.FileName.EndsWith(".txt", true, null))
          ContentText.LoadFile(openFileDialog1.FileName, RichTextBoxStrea
mType.PlainText);
      else
          ContentText.LoadFile(openFileDialog1.FileName, RichTextBoxStrea
mType.RichText);
    }
    catch (Exception ex)
    {
      MessageBox.Show(ex.ToString());
    }
  }
}
```

（9）从“工具箱”窗口拖动一个SaveFileDialog控件到窗体上，设置其Filter属性值为“富文本文档(*.rtf)| *.rtf|文本文档(*.txt)| *.txt”、FileName属性值为空。双击“保存”按钮，为按钮的Click事件添加如下代码：

```
private void btnSave_Click(object sender, EventArgs e)
{
  if (saveFileDialog1.ShowDialog() == DialogResult.OK)
  {
    try
    {
      //判断文件的后缀名，不同的文件类型使用不同的参数保存
      if (saveFileDialog1.FileName.EndsWith(".txt", true, null))
          ContentText.SaveFile(saveFileDialog1.FileName,
                                     RichTextBoxStreamType.PlainText);
      else
          ContentText.SaveFile(saveFileDialog1.FileName,
                                     RichTextBoxStreamType.RichText);
    }
    catch (Exception ex)
    {
      MessageBox.Show(ex.ToString());
    }
  }
}
```

（10）选中RichTextBox控件，单击⚡图标为该控件的SelectionChanged事件添加如下代码：

```
private void ContentText_SelectionChanged(object sender, EventArgs e)
{
  if (ContentText.SelectionLength == 0)
  {
    btnFont.Enabled = false;
    btnColor.Enabled = false;
  }
  else
  {
    btnFont.Enabled = true;
    btnColor.Enabled = true;
  }
}
```

（11）从“工具箱”窗口拖动一个FontDialog控件到窗体上。双击“字体”按钮，为按钮的Click事件添加如下代码：

```
private void btnFont_Click(object sender, EventArgs e)
```

```
{
  fontDialog1.Font = ContentText.SelectionFont;
  if (fontDialog1.ShowDialog() == DialogResult.OK)
  {
    ContentText.SelectionFont = fontDialog1.Font;
  }
}
```

（12）从“工具箱”窗口拖动一个 ColorDialog 控件到窗体上。双击“颜色”按钮，为按钮的 Click 事件添加如下代码：

```
private void btnColor_Click(object sender, EventArgs e)
{
  colorDialog1.Color = ContentText.ForeColor;
  if (colorDialog1.ShowDialog() == DialogResult.OK)
  {
    ContentText.ForeColor = colorDialog1.Color;
  }
}
```

（13）单击 按钮运行程序，查看结果。可以改变窗体大小试试效果。

【例 9-15】 实现一个绘图应用程序。学习如何获取对象（如窗体、控件）所关联的图形对象 Graphics，创建画笔和画刷的方法，以及 Graphics 的常用绘图方法。

最终完成的绘图应用程序的功能如下。

（1）通过图形对象 Graphics 在窗体上用画笔绘制出几种常见的基本图形，包括直线、矩形、椭圆、弧线和扇形，效果如图 9-34 所示。

（2）使用画刷绘制封闭图形的填充部分，包括填充矩形、椭圆、扇形和多边形，效果如图 9-35 所示。

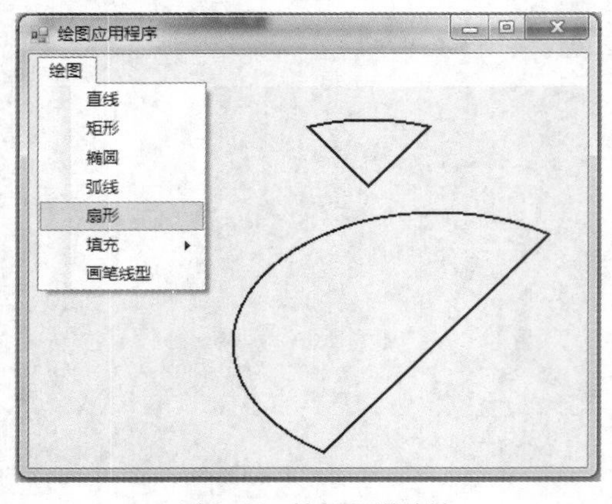

图 9-34 基本图形的绘制

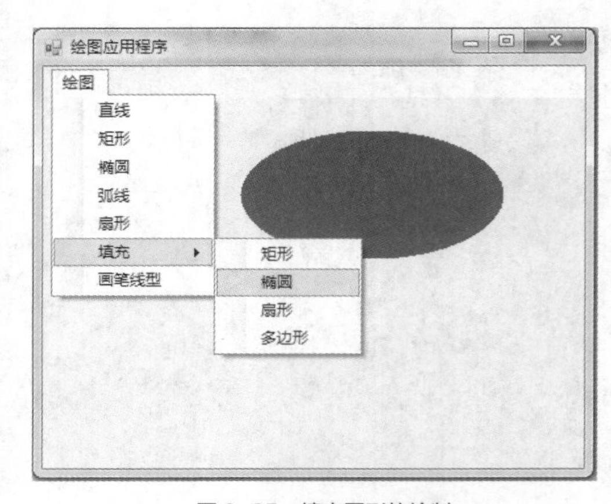

图 9-35 填充图形的绘制

（3）通过设置画笔的相关样式属性绘制出不同的线型，效果如图 9-36 所示。

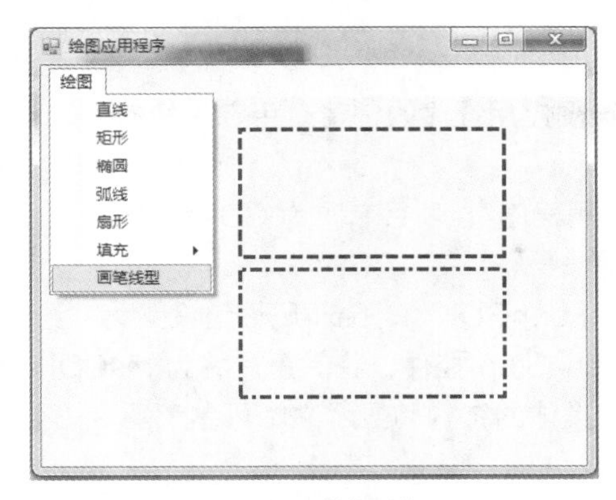

图 9-36　画笔线型效果

【例 9-15（a）】 获取对象关联的 Graphics。

图形对象 Graphics 必须与一个具体的“图形设备上下文”相关联，“图形设备上下文”代表一个绘图表面，通常是一个控件或窗体。获取对象的 Graphics 有两种方法。

（1）可以通过方法 CreateGraphics 来创建一个与控件或窗体相关联的 Graphics 对象。该方法的代码如下：

```
Graphics g = this.CreateGraphics();  //获取当前窗体的绘图表面
```

（2）在对象的 Paint 事件中，可以通过参数 e 来获取图形对象 Graphics，代码如下：

```
private void FormGDI_Paint(object sender, PaintEventArgs e)
{
  Graphics g = e.Graphics;           //获取图形对象 Graphics
}
```

【例 9-15（b）】 创建画笔（Pen）和画刷（Brush）。要求创建不同线型的画笔和画刷进行图形绘制。

步骤 1：创建用于绘制各种线条和图形边框的画笔。

（1）定义一个蓝色的、宽度为 3 的画笔，代码如下：

```
Pen p1 = new Pen(Color.Blue, 3);
```

（2）通过设置该画笔的 DashCap 属性来定义画笔的线帽样式为方帽，代码如下（需要导入命名空间 using System.Drawing.Drawing2D）：

```
p1.DashCap = DashCap.Flat;
```

（3）通过设置该画笔的 DashStyle 属性来定义画笔的虚线样式分别为划线和点划线，代码如下：

```
p1.DashStyle = DashStyle.Dash;
p1.DashStyle = DashStyle.DashDot;
```

步骤 2：创建用于填充图形的画刷。

创建单色画刷 SolidBrush，定义一个蓝色画刷，代码如下：

```
SolidBrush sbr = new SolidBrush(Color.Blue);
```

【例 9-15（c）】 完成绘图应用程序的创建，用定义好的画笔和画刷绘制图形。

步骤 1：创建项目。

创建一个“Windows 应用程序”，项目名称为 GDITest。

步骤 2：定制窗体和菜单。

（1）将 Form1 重命名为 FormGDI，其 Text 属性值设置为“绘图应用程序”。

（2）向窗体添加一个 MenuStrip 控件，将其重命名为 msGDI。为 MenuStrip 控件添加一组菜单项 ToolStripMenuItem，具体的结构和显示文本可参考图 9-34。按表 9-13 为各个菜单项设置相关属性。

表 9-13　菜单项属性

对象	属性	属性值	对象	属性	属性值
“绘图”菜单项	Name	tsmiDraw	“填充”菜单项	Name	tsmiFill
	Text	绘图		Text	填充
“直线”菜单项	Name	tsmiLine	“填充”—“矩形”菜单项	Name	tsmiFillRectangle
	Text	直线		Text	矩形
“矩形”菜单项	Name	tsmiRectangle	“填充”—“椭圆”菜单项	Name	tsmiFillEllipse
	Text	矩形		Text	椭圆
“椭圆”菜单项	Name	tsmiEllipse	“填充”—“扇形”菜单项	Name	tsmiFillPie
	Text	椭圆		Text	扇形
“弧线”菜单项	Name	tsmiArc	“填充”—“多边形”菜单项	Name	tsmiFillPolygon
	Text	弧线		Text	多边形
“扇形”菜单项	Name	tsmiPie	“画笔线型”菜单项	Name	tsmiPen
	Text	扇形		Text	画笔线型

（3）在 FormGDI 窗体里添加一个成员变量 shape，用于存储当前所绘制的图形名称。代码如下：

```
private string shape;
```

（4）为“绘图”“填充”以外的其他菜单项分别添加 Click 事件处理程序，代码如下：

```
private void tsmiLine_Click(object sender, EventArgs e)
{   //绘制直线
    shape = "line";
    Invalidate();
}
private void tsmiRectangle_Click(object sender, EventArgs e)
{   //绘制矩形
    shape = "rectangle";
    Invalidate();
}
```

```
private void tsmiEllipse_Click(object sender, EventArgs e)
{   //绘制椭圆
    shape = "ellipse";
    Invalidate();
}
private void tsmiArc_Click(object sender, EventArgs e)
{   //绘制弧线
    shape = "arc";
    Invalidate();
}
private void tsmiPie_Click(object sender, EventArgs e)
{   //绘制扇形
    shape = "pie";
    Invalidate();
}
private void tsmiFillRectangle_Click(object sender, EventArgs e)
{   //填充矩形
    shape = "fill_rectangle";
    Invalidate();
}
private void tsmiFillEllipse_Click(object sender, EventArgs e)
{   //填充椭圆
    shape = "fill_ellipse";
    Invalidate();
}
private void tsmiFillPie_Click(object sender, EventArgs e)
{   //填充扇形
    shape = "fill_pie";
    Invalidate();
}
private void tsmiFillPolygon_Click(object sender, EventArgs e)
{   //填充多边形
    shape = "fill_ploygon";
    Invalidate();
}
private void tsmiPen_Click(object sender, EventArgs e)
{   //画笔线型
    shape = "pen";
    Invalidate();
}
```

步骤 3：绘制图形。

如果需要在控件或窗体表面长期保留所绘制的图形，可以将绘图程序写在该对象的 Paint 事件中。这样，在图形对象所代表的绘图表面改变时，会触发对象的 Paint 事件重新进行绘图。如

Invalidate()方法就会自动触发 Paint 事件。本例要求在窗体表面进行图形的绘制，为 FormGDI 窗体添加 Paint 事件处理程序，代码如下：

```
private void FormGDI_Paint(object sender, PaintEventArgs e)
{
  //Graphics g = e.Graphics;            //获取绘图对象 Graphics
  Graphics g = this.CreateGraphics();  //获取当前窗体的绘图表面
  g.Clear(BackColor);
  Rectangle r = new Rectangle(150, 50, 200, 100);
  Rectangle r1 = new Rectangle(150, 50, 200, 100);
  Rectangle r2 = new Rectangle(150, 160, 200, 100);
  Pen pen1 = new Pen(Color.Black, 2);
  switch (shape)
  {
    case "line":  //绘制直线
      g.DrawLine(pen1, 130, 50, 300, 50);
      Pen redPen = new Pen(Color.Red, 3);
      Point pt1 = new Point(100, 100);
      Point pt2 = new Point(300, 200);
      g.DrawLine(redPen, pt1, pt2);
      break;
    case "rectangle":  //绘制矩形
      g.DrawRectangle(pen1, r);
      g.DrawRectangle(pen1, 180, 80, 100, 150);
      break;
    case "ellipse":  //绘制椭圆
      g.DrawEllipse(pen1, 150, 50, 150, 200);
      g.DrawEllipse(pen1, r);
      break;
    case "arc":  //绘制弧线
      g.DrawArc(pen1, 180, 80, 200, 200, 180, 90);
      g.DrawArc(pen1, r, 0, 135);
      break;
    case "pie":  //绘制扇形
      g.DrawPie(pen1, r, 225, 90);
      g.DrawPie(pen1, 150, 120, 300, 200, 135, 180);
      break;
    case "pen":  //画笔线型
      Pen p1 = new Pen(Color.Blue, 3);
      p1.DashCap = DashCap.Flat;
      p1.DashStyle = DashStyle.Dash;
      g.DrawRectangle(p1, r1);
      p1.DashStyle = DashStyle.DashDot;
      g.DrawRectangle(p1, r2);
```

```
          break;
        case "fill_rectangle":  //填充矩形
          g.FillRectangle(Brushes.Red, r);
          break;
        case "fill_ellipse":   //填充椭圆
          g.FillEllipse(Brushes.Red, r);
          break;
        case "fill_pie":   //填充扇形
          g.FillPie(Brushes.Red, r, 90, 135); ;
          break;
        case "fill_ploygon":   //填充多边形
          g.FillPolygon(Brushes.Red,
            new Point[] { new Point(100, 100), new Point(200, 100), new Point
(150, 200) }, FillMode.Alternate);
          break;
        case "SolidBrush":  //单色画刷
          SolidBrush sbr = new SolidBrush(Color.Blue);
          g.FillEllipse(sbr, r);
          break;
        }
    }
```

本章小结

本章以 Windows 窗体应用程序的界面实现为核心，实训练习紧紧围绕用户程序的交互式界面设计，同时引入相关的程序开发技术。本章作为 Windows 窗体开发的实训，重点是掌握 Windows 窗体控件的主要类别和功能，通过使用菜单、对话框、状态栏和工具栏向用户提供功能或提示应用程序的重要信息，并学会构建多文档和绘制基本图形。本章的难点是掌握在 Windows 窗体应用程序中处理事件的方法，以及如何创建事件处理程序。学习完本章的内容后，读者将能熟练掌握.NET 平台下的 UI 设计，自行开发并部署基于 Windows 的应用程序。

习题

程序设计题

设计一个 Windows 窗体应用程序，实现简易计算器的功能。

工业和信息化“十三五”人才培养规划教材

C# 程序设计教程

C# Programming

本书资源下载及样书申请

Android 移动开发项目式教程（第 2 版）

Android App Inventor 项目开发教程

Android 应用程序设计教程

Android 移动应用开发项目教程

Android 项目开发入门教程

iOS 开发项目化入门教程

iOS 开发项目化经典教程

Swift 项目开发基础教程

Objective-C 入门教程

HTML 5 移动平台的 Java Web 实用项目开发

跨平台的移动 Web 开发实战 HTML5+CSS3

移动应用 UI 设计

移动平台 UI 交互设计与开发

移动应用软件测试项目教程（Android 版）

免/费/提/供
PPT等教学相关资料

人邮教育
www.ryjiaoyu.com

教材服务热线：010-81055256
反馈/投稿/推荐信箱：315@ptpress.com.cn
人民邮电出版社教育服务与资源下载社区：www.ryjiaoyu.com

ISBN 978-7-115-39847-5
定价：46.80元

封面设计：董志桢